U0345752

旺苍县林业局　编

四川美術出版社

图书在版编目（CIP）数据

遇见旺苍古树 / 旺苍县林业局编 . -- 成都 : 四川美术出版社 , 2024. 10. -- ISBN 978-7-5740-1316-2

Ⅰ . S717.271.4

中国国家版本馆 CIP 数据核字第 2024DD6016 号

遇见旺苍古树

YUJIAN WANGCANG GUSHU

旺苍县林业局　编

责任编辑　倪　瑶
责任校对　刘珍宇
责任印制　黎　伟
出版发行　四川美术出版社
地　　址　成都市锦江区工业园区三色路 238 号
设计制作　成都圣立文化传播有限公司
印　　刷　成都市兴雅致印务有限责任公司
成品尺寸　145mm × 210mm
印　　张　8
字　　数　175 千
图　　幅　228 幅
版　　次　2024 年 10 月第 1 版
印　　次　2024 年 10 月第 1 次印刷
书　　号　ISBN　978-7-5740-1316-2
定　　价　58.00 元

闻道三株**树**，**峥嵘**古至今。**松知**秦历短，**柏感**汉恩深。

用尽**风霜**力，难移**草木**心。**孤撑**休抱恨，苦楝**亦成阴**。

——清·杜濬《古树》

编者按

一棵古树，一段历史。

古树作为不可再生和复制的宝贵资源，饱经世纪风雨，见证了人类从古至今的发展历史。

古树体现出的顽强生命力、强大意志力，以及人与树、树与人相扶相持、相濡以沫的特质，充分反映了人与自然和谐发展、共生共荣的初心使命。

植护百年计，福泽千秋深。

近年来，旺苍县委、县政府和林业主管部门在全面学习贯彻习近平生态文明思想，严格执行《四川省古树名木保护条例》工作中，不断提升古树名木巡查养护、抢救复壮、健康诊断、生境改善、病虫害防治、价值评估、宣传教育等工作水平，切实履行保护生态环境的神圣职责。

2024年初，旺苍县森林覆盖率已达66.92%。其中，公布已认定并实行挂牌保护的一级古树44棵、二级古树94棵、三级古树321棵，待认定一级古树105棵、二级古树1棵、三级古树60余棵。

本书采取“科普+故事+采访+图片”的形式，介绍了旺苍县境内部分古树的风貌、历史和现状，期望能为加强古树名木的宣传和保护、促进绿色高质量发展贡献一份力量。

因编者水平有限，书中难免有疏漏之处，望广大读者批评指正。

目录

CONTENTS

第一章　硝烟散尽显英豪

002 花庙子的『红军消息树』（蔡勇）
005 大屋岭铁甲树影藏旧事（蒲守国）
008 三江坝的『红军树』『爱情树』（何光贵）
013 大河边英勇抗敌的檬子树（何大尧）
017 热血枫香树，杜家营里写春秋（蒋玉良）
021 文家湾川楝树：忠贞不渝扬美名（柳斌）
024 水峰庙前的『哨兵树』（蔡勇）
027 马鞍子铁坚油杉的红色记忆（柳斌）
030 三棵古树『灯芯』闪耀余家河（柳斌）

第二章　离愁别绪满枝头

036　孙家梁古柏：送你一片云（程凡）
039　何家塝黄连木：满树悲欢离合情（何红梅）
042　『衙门包』上古老的『迎客松』（胡兴菊）
047　『四根松』旁的青冈古树（向素华）
050　许家山古柏：一树乡愁浓（火芒）
053　祠堂湾红豆杉：乡恋岁月苦（蒲守国）

第三章　情深意浓润万物

058　厚坝村古树人家喜相逢（何大尧）
064　黄连古树下，中医世家兴（蒲守国）
067　尖角子古树：大山深处竞风流（向素华）
071　郑家山的『爱情树』——黄连古树（钟寒）
074　邓家坝枫杨古树『伊人』如婳（蒲守国）
077　店子上枫香古树情满枝头（刘桂莲）
080　千年古树，峡谷情深（何光贵）
083　银杏古树相伴读书郎（蒋玉良）
086　石棺溪铁坚油杉、紫薇树侠侣情深（柳斌）

第四章　不老传说写春秋

090 青冈古树伴『玉玺』（何光贵）
092 阳坡子银杏古树的神秘声音（蔡勇）
096 汪家沟容颜不老的古茶树（张惠茗）
100 『圣树』之花盛开在大山深处（张翅）
106 烂柴坝里会『吃饭』的白果古树（胡兴菊）
109 鹿亭溪畔酸枣树的传说（蒋玉良）
113 皂荚一梦侯家寨（蒋玉良）
118 黄松村英姿勃发的铁坚油杉（向骞）
121 桅杆坝古树的梦幻百年（何红梅）
125 银杏古树福荫董家河（蒋玉良）
130 松梁上铁坚油杉树隐藏的秘密（杨奎昌）

第五章　岁月如歌你如诗

136 老屋沟香樟古树的记忆（白现杰）
140 常家沟古柏寄情山水间（胡兴菊）
144 苦难中开花的刘家河黄连树（刘桂莲）
148 高坑河『兄弟檫树』喻家风（蒲守国）
151 旗杆村里的『旗杆树』（蔡勇）
155 作坊里的奇特银杏树（白现杰）
158 木叶坪油松古树岁月不居（蒲守国）
162 黄家营那棵白果树（冯菊）
165 任家湾银杏古树话悲欢（蒲守国）
169 竹垭村银杏树：浴火重生向未来（向素华）

第六章　古树成群展风华

176　水青冈：旺苍原始森林里的植物“活化石”（张惠茗）
182　根连根、心连心的茅垭子古柏群（张翅）
185　“古柏墙”遮风挡雨“五房里”（程凡）
189　原生古茶树，古道吐芬芳（蒲守国）
192　赵家瓦房古柏群：最忆乡情浓（钟寒）
195　石岗村古树演绎不老神话（杨奎昌）
200　焦家沟古柏群的沧桑岁月（蔡勇）
206　杜鹃花霞映米仓道（何光贵）
210　高阳古茶树群的王者风采（蒲守国）

第七章　绿色情怀见精神

216　张家营铁坚油杉见证旺苍植树造林史（杨奎昌）
219　金竹园『铁齿铜牙』铁坚油杉（向素华）
223　栓皮栎古树扮靓干树湾（蒋玉良）
229　桢楠古树风云际会张家湾（冯菊）
232　枫香岭追梦古茶树（蒋玉良）
236　立碑铭志的曹家岭古柏树（杨奎昌）

第一章

硝烟散尽显英豪

人们为了正义事业，甘洒热血；古树意志如磐，勇于面对血雨腥风。峥嵘岁月，何惧风流……

花庙子的“红军消息树”

在旺苍县东河镇南阳村一社一个叫花庙子的地方，有一排排像战士一样的古柏树，傲然挺立在那里的一座小山包上。它们就是远近闻名的古柏树群。

这些古柏树共有17棵，古朴苍劲，阳刚威武，排列整齐。根据旺苍县林业部门的调查，这些古柏平均树龄达100年以上，单棵最高16.5米，最大冠幅10米，东西冠幅最大14米，南北冠幅最大8米。

南阳村三社94岁的老人边正先介绍，古柏树群东边就是当地有名的寺庙——花庙子，又名云峰寺，占地面积数亩，规模宏大。他小时候经常在花庙子里面看大戏。

该柏树群原来一直都生长在花庙子，其主要作用是庙会时用于挂幡和挂红。

听村里的老人说，别看这群古柏树生长的环境差，既缺土，又缺水，更缺肥，但在解放旺苍的战争年代，它可是发挥了“情报站”的巨大作用。

南阳村村民黄成山指着一棵长有两个大枝丫的古柏介绍，这棵树就是当年红军用来交换、传递情报的，树枝上和树洞里都藏过情报。

据说，后来红军主力部队在旺苍坝、快活岭等地作战的时候，花庙子乡的赤卫军、游击队战士还在古柏树群前将竹席卷成炮筒形状，涂上黑黑的锅烟子，用来迷惑敌人。

青山不老，古柏常青。让我们永远记住他们。

2016年12月，花庙子古柏群被列为《四川省古树名木名录》三级保护古树。

（蔡勇）

柏木，柏科柏木属植物，乔木，树木高大，树皮为淡褐灰色。雄球花呈椭圆形或卵圆形，雌球花近球形；球果为圆球形，熟时呈暗褐色。

柏木为中国特有树种，其枝叶、树干、根蔸都可提炼精制柏木油，经济价值高。它在木材生产、生态建设、环境美化、林产化工等方面都发挥着重要的作用。

柏树常与松树并称，也是百木之长。

大屋岭铁甲树影藏旧事

铁甲树，学名高山栎，或称铁橡树、刺青冈，属壳斗科，栎属。因其生长极度缓慢，木质坚硬如铁，树叶形状似铠甲甲片，故名。

在旺苍县北部山区的大两镇万山村一个叫大屋岭的山崖上，一棵高大雄壮的铁甲树矗立于苍茫天地间。

这棵铁甲树高近20米，胸围6余米，树冠60余平方米，树干圆满挺直。自主干3米以上，大树枝条逐层向外斜展，各主枝又分生多个侧枝，外形似伞状。

传说在清道光年间，这棵铁甲树曾神奇预示了一个当地少年金榜题名。那一天中午，南江县一县衙老爷睡午觉时，梦见自家用的铜质洗脸盆中，赫然映现了一棵硕大的铁甲

树，树干粗壮遒劲，枝繁叶茂。老爷被这一奇异的景象惊醒，便询问师爷有何征兆。

师爷说：“贺喜老爷！今年院试可得奇才。”

老爷问：“何以见得？”

“昔周文王梦飞熊、汉高祖斩白蛇，皆有异象。今老爷为朝廷举贤之际，得见异象，此乃‘凤沼树影’。想必有那百年难遇的栋梁之材参与本次院试，蒙老爷举荐。”（凤沼，指凤凰池，比喻超凡的境地）师爷说，“此俊贤所居之地，想必就有此树。”

后来，果不出所料，大两镇万山村15岁的童生陈文儒高中榜首，而其居住地的这棵铁甲树，与盆中所现树影一模一样。爱才心切的老爷喜不自禁，为陈文儒亲书一副对联以表

贺赏之意。对联上写道："观听圜桥事成有志，恩治凤沼功倍少年。"横批为"仁瑞祯祥"。多年过去，这副对联至今还刻印在陈家老堂屋前的柱子上。

中华人民共和国成立后，这棵古树又见证了解放军清剿顽匪陈廷辉部的战斗。

1950年1月，中国人民解放军某团奉命对陈廷辉匪部实施清剿。经过多次打击，陈部已是溃不成军。1951年4月30日，匪首陈廷辉、陈廷煜等逃窜至距离铁甲树不远的丁家岩岩洞躲藏。5月1日，在解放军的追击下，匪部继续逃窜，欲向高高耸立的铁甲树崖攀爬。突然，铁甲树下人头攒动，呐喊声大作，原来是旺苍县警卫营、乡自卫队及数十名群众在此设伏围剿。匪众见势不妙，转向窜至沙子坡、万山河，终被军民击毙。

流年似水，岁月蹉跎。

冠如华盖、神韵独具的铁甲树欣然走进崭新的21世纪。

（蒲守国）

栎树，壳斗科栎属植物，落叶或常绿乔木，树形高大，少数为灌木。其树干奇特苍劲，优美多姿，耐修剪，易造型。

栎树为坚固抗腐性用材，可用于制革、印染和渔业材料；栎树叶可养蚕；果实可制作橡子酒、橡子油等，也可作饲料；栎树还可用于培养木耳、香菇等食用菌。

高山栎生长于高海拔的山坡、山谷栎林或松栎林中。

三江坝的“红军树”“爱情树”

旺苍县三江镇场镇附近一个叫“牛项颈”的小山坡上，生长着一棵巍峨挺拔的黄连树和一棵婀娜秀丽的金弹子树。两棵古树历经数百年风霜雨雪，成为当地一道亮丽的风景，也是外出游子的乡愁记忆。

牛项颈是指山形酷似牛颈，黄连树和金弹子树就长在“牛颈”上。“牛颈”下是三江河和花园河两水交汇处，“牛颈”左前方是巍巍大耳山，“牛颈”右前方是挺拔耸立的华盖山。

黄连树长在“牛颈”上，树龄达100年以上，树高9米，胸围2.26米，平均冠幅10米，东西冠幅10米，南北冠幅9米。由于生长在小山坡坚硬的岩石上，黄连树根须宛若一只巨大的章鱼，将岩石紧紧包裹，然后扎向大地。春夏，黄连树长出嫩生生翠碧的树叶，整个小山坡便笼罩在浓浓的绿荫中；秋冬，黄连树一树金黄，努力触摸蓝天白云，尽显挺拔健壮的腰身。

金弹子树长在“牛颈”窝的红色砂岩上，树龄150年以上，树高5米，胸围1.5米，平均冠幅4米，东西冠幅3米，南北冠幅5米。金弹子树四季常绿，特别是到了秋冬时节，树上缀满了像金橘一样的金弹子，满树金碧辉煌，成为当地一道亮丽的风景。

相传，这两棵古树为700多年前的何氏始祖何元安所植。

据清嘉庆年间编纂的《四甲何氏家谱》记载，“何氏始祖何元安，祖籍安徽庐江，元武宗时以进士宦游于蜀之保宁府广元县东三百里高城堡（现三江镇）官参营”，手植两树。后来在两棵古树旁建有土地庙。

“上至秦陇，下达苍阆。”自古以来，三江河航道就是米仓古道之“米仓水道”的重要通道和码头。直到20世纪70年代，三江河道航运仍发挥着重要的作用。当地出产的煤、铁、铁锅等重要生产物资直达“苍阆”，“苍阆”的盐巴、布匹等重要生活物资运至三江，两棵古树见证了米仓古道的沧桑和兴衰。

1933年1月，红四方面军入川后，三江成了反川军“围剿”的重要战场，三江华盖山战役、三江坝战斗等英雄战役青史留名。

一棵大树万条根，红军百姓一家亲。
红军如鱼民如水，军民一刻不能分。

那棵见证红军浴血奋战、誓死保卫苏维埃红色政权、军民一家亲的黄连树，被当地群众亲切地称为“红军树”。

叫声情哥我的肝，双双相见在哪天？
一年望你十二月，一月望你三十天。

在三江河水道上那棵古老的金弹子树下，常常有俊俏的女子远望碧波浩荡的河上远去的航运木船，久久不愿离去，因此那棵寄托浓浓相思的金弹子树被当地群众称为“爱情树”。

现在，当地政府以两棵古树景点为核心，建起了“口袋公园”，成为当地群众休闲娱乐和健身锻炼的好去处。

2020年4月，两棵古树皆被列为《四川省古树名木名录》三级保护古树。

（何光贵）

黄连木，漆树科黄连木属植物，落叶乔木。因其木材色黄味苦似中药黄连，因此得名为黄连木。

黄连木根、枝、叶、皮可药用、油用或制农药。其种子含油量很高，是制取生物柴油的上佳原料。

黄连木木材坚韧致密，抗压耐腐，可制造民用建材、农具、家具等物，成林后还具有保持水土、防风固土、抗污染等生态功能。

金弹子树，柿科柿属植物，常绿或半常绿灌木，又称刺柿、乌柿。因其花形如瓶，香味似兰，故又称为瓶兰花。其挂果之后，绿果渐变成橘红色或橙黄色，形似弹丸，故称“金弹子”。

金弹子树大多数为雌雄异棵，偶有雌雄同棵。其根和干均为灰黑色，茎干刚劲挺拔，自然虬曲，色泽如铁，宜于制作树桩盆景。

大河边英勇抗敌的檬子树

在旺苍县三江镇场镇旁的大河边有一棵檬子树，树龄超过150年，高10余米，胸围约1.2米。它遒劲的枝干上缀满翠绿的椭圆形的叶子，在阳光下泛着晶莹的亮光。

当地群众把这棵树称为英雄树，对它格外敬重与爱护，因为它曾帮助过红军英勇抗敌，“以死相拼”，为解放事业立下了功勋。

1933年1月，红四方面军某团由巴中市南江县坪河镇和乔坝乡等地沿河而下，进入旺苍县大德乡后建立了苏维埃政府。同时，向旺苍县木门镇挺进，与红军另外两个团会合。

当时，为了堵击红军过河，川军某部在三江镇大河西岸与红军展开激烈枪战，被红军击溃后逃向三江镇东南方向的华盖山。

敌军逃跑时，为了不让红军顺利过河，想用马刀砍断系在这棵樣子树上的渡船缆绳，可是慌乱中连砍三刀均未砍中，只在树上留下三道深深的刀口。眼看红军逼近，敌军只得放弃砍绳继续逃窜。随后，英勇无畏的红军在山高崖陡的华盖山与敌人进行了数小时激战，敌人再次溃败，逃往旺苍百丈关。这就是著名的三江华盖山战役。

可以说，是大河边的这棵檬子树用自己受伤的身躯保住了缆绳，为红军过河创造了条件。

后来，檬子树遭受严重刀伤的一侧慢慢腐烂、干枯，危在旦夕。也有群众说，这棵树当年除了受过刀伤，还遭受过枪伤。敌人的子弹击中树身，也是它“重病缠身”的原因之一。

为了抢救这棵英雄树，当地林业部门组织人员给檬子树开展去除腐质、消毒杀菌、补充营养等管护工作。在大家的精心护理下，这棵树又逐渐恢复了生机与活力。

在檬子树的附近，还有一棵与它的树龄差不多大、近20米高的黄连木。这棵黄连木生长在坚硬的红石梁上，众多巨大的根须把石头紧紧包裹后又伸向地下，繁茂的枝叶像一把大伞，为过往行人带来一片阴凉。同时，它也是当年战争岁月的见证者。

现在，两棵古树都已成为三江镇的标志树。

（何大尧）

椤木石楠，又名檬子树，大风子科柞木属植物，灌木或小乔木，有刺。叶革质，为卵形至长椭圆状卵形，顶端渐尖或微钝，基部圆形或宽楔形，边缘有细锯齿，两面无毛。

檬子树主要分布在陕西秦岭以南和长江以南各省，多为自然野生，具有环保与生态价值。

热血枫香树，杜家营里写春秋

鹿渡溪边耸古枫，万千壮丽映苍穹。
游人只叹香枝美，谁晓丹心血染红。

在旺苍县高阳镇温泉村的许多古树中，最壮丽的当属杜家营的一棵枫香树了。

枫香树别名香枫，蕈树科枫香树属植物，是一种落叶乔木。杜家营的这棵枫香古树位于鹿渡溪和其支流小沟河交界处的田坪里，树高23米，胸围2.51米，平均冠幅15米，树龄180年以上。树身高大挺拔，树干笔直端正，直入云天，形如巨人。这是一棵散生的枫香树，它静静地矗立在通往鹿渡温泉景区公路旁边的一面低坡上，十分抢眼。车辆和行人从树下经过，无不放慢速度，向它致以庄严的注目礼。

人们何以对一棵散生野长的枫香树如此满怀敬意？

据村里的杜绍培老人讲，原来，这棵古树有着极不平凡的经历。它见证了中国革命史上的一段铁血历史，是一棵充满热血的革命树。

1935年3月，红四方面军主力撤离川陕革命根据地开始长征，留下部分红军组成巴山游击队，在旺苍、南江、南郑等地继续坚持着艰苦卓绝的革命斗争。红军主力撤离后，国民党和地方反动武装以为红军大势已去，便发动疯狂的反击，对巴山游击队进行了全力“围剿”。游击队为了保存革命力量，不得不经常与敌人周旋，到处转移。

1938年6月的一天，一支从南江过来的游击队小分队在罗连长的率领下途经杜家营，在关家梁设立起临时指挥部。双河伪乡长康雨文获知消息后，指使团总黄天聪和反动武装单刀会头子王义顺乘夜偷袭，给游击队造成了极大的伤亡，一部分队员战死，一部分队员受伤被俘。

第二天，黄天聪和王义顺将被俘的游击队队员押至杜家营田坪里的枫香树下，当众尽数杀害，鲜血染红了这棵粗壮的枫香树。一阵山风吹来，枫香树发出阵阵悲鸣，好像在痛骂着反动派的暴行，现场民众无不落泪。从此，人们见着这棵枫香树，便想起了牺牲的革命先烈，无不自觉地行起注目礼，以表达对革命先烈的崇高敬意。

2020年，这棵枫香树被列为《四川省古树名木名录》三级保护古树。

春去秋来，这棵枫香树愈加高大茂盛了。在山风的吹拂下，枝叶发出沙沙的声音，好像在讲述那永远令人铭记的革命故事，仿佛也是人们对幸福生活发出的欣慰的笑声。

（蒋玉良）

枫香树，金缕梅科，枫香树属植物，落叶乔木。植株高大；树皮呈灰褐色，方块状剥落；种子多数呈褐色，多角形或有窄翅。因其似枫树而有香味取名为枫香树。

枫香树的树脂、根、叶及果实有药用价值。枫香木纹理美观，呈淡红色，可作建筑材料、家具、木地板等用材。

枫香树还是秋季红叶观赏树种。

文家湾川楝树：忠贞不渝扬美名

在旺苍县黄洋镇双安村七社文家湾，有一棵树龄达300年的川楝古树。它不仅粗壮挺拔，形如伞盖，还有一段动人心魄、感人肺腑的故事。

这棵树生长在文家湾82岁的文跃明和79岁的谭永贵夫妇家的房屋后面。此树高21米，胸围3.16米，平均冠幅18米，东西冠幅15米，南北冠幅20米。它被列为《四川省古树名木名录》二级保护古树。

此树树枝或笔直舒展伸向苍穹，或弯折虬曲、九曲连环，尖圆形树叶翠绿欲滴，微风吹来，枝叶婆娑，如跳动的绿色音符。每年3月左右开花，花絮呈淡紫色。

文跃明、谭永贵两位老人始终难以忘记在这棵树上发生的一个真实故事。

谭永贵的父亲叫谭守明，1933年参加红军后，就跟随部队一起长征，经受了翻雪山、过草地的严酷考验。有一次，他的腿部被敌人的子弹打中，硬是咬着牙，用小刀把肉里的子弹剜了出来。后来因伤势较重，行动不便，不能继续跟随大部队，只得靠一路吃树皮、喝冷水才回到家。

回到家后，谭守明为了隐藏自己的红军身份，就把部队给他开具的证明信藏在这棵百年老树上的喜鹊窝里。有一次，地方反动派抓住他，把他倒吊在茅草屋的横梁上严刑拷打，逼他交出证明材料，甚至打掉了他的4颗门牙，但他始终坚持不承认。后来，他被押到旺苍坝关了40天黑屋（即坐牢），还是婆婆（四川方言，指奶奶）漫山遍野地挖黄姜子，四处筹钱，才把他赎了回来。

谭永贵老人说，以前每次休息时，父亲都要挽起裤脚，露出腿上那道十五六厘米长的疤痕，给他们讲述自己当年的英勇故事。

这棵曾见证了革命先辈忠贞不渝、视死如归的古树，露在土外的树根竟有60~70厘米粗，上面还有两个大洞，三四个小孩子都可以轻松地躲在里面玩捉迷藏游戏。粗大的主干在离地面一人多高的地方，生出7根十分粗壮的大枝伸向四面八方，举起硕大的绿色树冠，为人们带来一片阴凉。

往事如昨，气节如山。
老树新枝，清风送爽。

（柳斌）

楝，楝科楝属植物，落叶乔木，树皮呈灰褐色，分枝广展，小叶对生，叶片为卵形、椭圆形、披针形。

楝树是材用植物，亦是药用植物，其花、叶、果实、根皮均可入药，果核仁油可供制润滑油和肥皂等。

川楝是楝的近种，其果较大，小叶近全缘或具不明显的钝齿。

水峰庙前的“哨兵树”

在旺苍县白水镇麻英坝村二社高家湾水峰庙东坡，有一棵树龄长达1800多年的巨大古柏树，人称“哨兵树”。

这棵树高度超过21米，平均冠幅17米，东西冠幅20米，南北冠幅15米。它的胸围达6.1米，需要四五个成年人才能合抱。树的根部长有多个大小不等的树瘤，其中一个树瘤头大、口阔、嘴圆，眼大而凸出；躯体短而宽，前肢粗壮而长，后肢粗壮而短，左右根部不相连；背面树皮极其粗糙，长得特别像一只大的癞蛤蟆。

据水峰庙对面的月空寺的石碑记载，该古柏由寺内明月、明和二僧栽植。据《麻英乡志》记载，水峰庙有一棵像哨兵般的古柏，参天直立，枝繁叶茂，郁郁葱葱。树的胸围需4人合抱，上分枝丫2根，相依相偎，树冠高耸，形成玉鞍。

这棵千年古柏为什么被人们称作“哨兵树”呢？

1934年，中国工农红军某部曾经在这棵古柏树下面设立过观察哨，盘查过往行人，传递军事情报，保护红色根据地。“哨兵树”的称谓由此而来。

这棵古柏树后面就是始建于唐朝中后期的水峰庙，原麻英乡水峰村也因此而得名。古柏树既是红色革命时期的英雄树、“哨兵树”，也是水峰庙的守护树、陪伴树。

据当地老人讲，水峰庙原来的大门直对彭家湾，不料彭家湾出现许多山野毛贼，防不胜防；后来又将大门改为直对乔家院，谁知乔家院又出现鸡不鸣、狗不叫的怪象；最后将大门改为正对这棵千年古柏树栽种的方向后，四方乡邻才安宁了下来。

相传，古柏树根部生长的那个癞蛤蟆树瘤后来成精了，叫金蟾，它经常在夜晚出来骚扰左邻右舍，甚至还纠缠上了一个美丽的女子。自从金蟾附身，该女子就被病魔击倒，四处求医均不见效。女子的家人知道情况后，马上请来所谓的“先生”，将“癞蛤蟆”身上的皮全部剥下来扔掉，不久之后，该女子的病也就慢慢好了。

关于这棵古柏树的来历，当地胡氏家族还有这样的说法：1800年前，原籍湖南的胡氏先祖先后在高家湾（又名庙湾里）购买了高姓村民的土地建房置业，并在水峰庙至高家湾一带给5个儿子各栽了一棵柏树，俗称“五根柏”。后来，随着胡姓后人的四处迁居，先后砍伐了4棵柏树，最后只剩下水峰庙前这棵柏树了。

2016年12月，水峰庙古柏树被列为《四川省古树名木名录》一级保护古树。

（蔡勇）

马鞍子铁坚油杉的红色记忆

在旺苍县高阳镇温泉村六社的马鞍子（原宋江村6组），有一棵四季翠绿的参天大树，叫铁坚油杉。它是一棵千年老树，被列为《四川省古树名木名录》一级保护古树。

马鞍子海拔900余米，因地形如马鞍而得名。生长于此的

铁坚油杉高约25米，胸围6.1米，平均冠幅15米。因为生长年代久远，显得特别高大粗壮。龟裂的树皮厚如铁甲，犹如沧桑老人，树枝苍劲，宛若巨臂，还有四五根大小不一的藤蔓顺树而生。

传说这里原本有两棵同样大的铁坚油杉，一棵公树，一棵母树，形如夫妻。不料一次暴雨引起的泥石流把公树冲毁，幸存下来的这棵是母树。

据当地老人说，这棵树在元朝时期就有了，《旺苍县志》也有佐证。

让这棵树扬名四方的不仅是它的古老、高大，还有当年发生在这里的革命英雄故事。

据记载，川陕苏区时期的红军曾在旺苍开辟了两条去巴中的红色交通线，其中一条就经过了温泉村，然后辗转到巴中。

1934年，鹿渡坝的交通员康三鼎、康礼年沿小观子、孙家沟路线，送情报到亮明垭的红军独立营，不料被地方内奸出卖，不幸在孙家沟被反动民团抓住。为了不让敌人获取纸质情报内容，他们在被捕前迅速将信件吃进了肚子里。

当时，反动民团把康三鼎、康礼年押到马鞍子，吊在这棵古树上严刑拷打，逼问情报内容。但两人坚贞不屈，拒不承认送信一事，直到腿都被打残废了，还是不松口。

后来，反动团丁们想把康三鼎、康礼年押往旺苍坝邀功请赏，但两人伤势严重，腿部更是血流如注，因而行走极为缓慢、痛苦。当走到离鹿渡坝渡口1.5公里远的梯子塘时，为了赶时间，团丁们杀害了两位英雄，并残忍地割下两人的头颅拿走了。

得知英雄被害后，本来计划在鹿渡坝渡口开展营救工作的交通员燕传福、两会寺区苏维埃干部苏含功、船工李开荣和权开德四人悲愤交加，连夜到梯子塘掩埋了烈士遗骸。

后来，康三鼎、康礼年两位英雄被追认为烈士。

天地英雄气，千秋尚凛然！

（柳斌）

树种简介

铁坚油杉，松科油杉属植物，乔木。树皮粗糙，呈暗深灰色。

铁坚油杉是深根性树种，主根明显，侧根发达，抗风力强，耐寒，喜光，喜温暖湿润气候。

铁坚油杉木材结构细致，硬度适中，经久耐用，可作建筑、桥梁、枕木、家具等用材，根皮油脂可作造纸材料。

三棵古树“灯芯”闪耀余家河

从高处远远看去，旺苍县黄洋镇水营村11组的余家河（原水营村8组）所在地，地形就像一个灯盏。在这个大“灯盏”中，有三棵特别高大的银杏树并列而生，直耸入云，仿佛就是灯盏里的三根灯芯，闪耀在这方土地上。而当年保卫苏区、支援红军、奋勇杀敌，为了中华人民共和国的解放事业抛头颅、洒热血的余家河人，正如这三棵顶天立地像“灯芯”一样的银杏树，为人们点亮了前程。

据《黄洋乡志》记载，当年红军从通江、南江、巴中等地来到这里后，迅速开展了轰轰烈烈的打土豪、分田地活

动，所有贫苦百姓都分到了土地和财产，过上了好日子。广大群众更是热烈拥护共产党和红军，大家加紧生产，为红军运送物资，并踊跃参加红军。

当时，余家河一个村就有20多人参加红军，还组建了赤卫军、游击队和童子团，积极投入建设苏区、保卫苏区的革命洪流。后来，当地参军的赵思礼、杨万福、赵说文、赵连文、张明文等红军战士在战斗中光荣牺牲，被评为革命烈士。

红军撤离川陕苏区后，当面对国民党反动军队、反动组织大肆屠杀苏维埃干部、红军家属和革命群众时，英勇的黄洋人民并未屈服，而是组建了一支地方游击队，在深山老林

里坚持斗争，直到最后全部壮烈牺牲！

大树无言立北风，残阳如血说英雄。

这三棵树中有两棵高约28米，胸围3.4~3.8米，树龄300年，被列为《四川省古树名木名录》二级保护古树；另外一棵高23米左右，胸围2.3米左右，树龄200年，被列为《四川省古树名木名录》三级保护古树。

《黄洋乡志》记载："三棵银杏树矗立水营村余家河中，远观形如桅杆。""树龄久远，起自明代，树大根深，长势茂盛"。

如今，有着光荣历史的余家河，在新时代乡村振兴的春风中，绽放出更加绚丽的色彩。

（柳斌）

银杏，银杏科银杏属植物，乔木。幼年及壮年树冠呈圆锥形，老则为广卵形。叶为折扇形，有长柄，淡绿色，无毛，有多数叉状并列细脉。

银杏为中生代孑遗稀有树种，系中国特产，也是古代银杏类植物在地球上存活的唯一品种。它最早出现于3.45亿年前的石炭纪，因此被称为"世界第一活化石""植物界的大熊猫"。

第二章 离愁别绪满枝头

古树融进了多少乡音、乡情、乡愁！它们已成为人们永远的牵挂和念想，拼搏向前的无穷力量……

孙家梁古柏：送你一片云

每当说起村里的那棵树龄比自己年龄高出很多倍的古柏树，旺苍县东河镇梨花村（原柳溪乡前进村）孙家梁的孙姓老人就感慨万端。

老人说，他还在穿开裆裤的时候，就爱和小伙伴们在孙家梁放牛、割草、玩耍。他们经常跑到柏树下追逐嬉闹，这里搂一搂，那里抱一抱；这儿亲一亲，那儿吻一吻。他们还时常爬到树上掏鸟蛋，吓得小鸟们惊慌失措，在头上飞来飞去，叽叽喳喳地叫个不停。

老人记得这棵柏树的树冠一直都很大，几乎遮住了大半个天空，仿佛天上停留的巨大云朵。尤其在盛夏时节，树荫下的空地里，每天都能见到乘凉、喝茶、玩牌、摆龙门阵、做针线活的乡亲们，热闹非凡。

这棵古柏树龄300年以上，胸围达4.5米，高度20米以上，东西冠幅15米左右，南北冠幅14米左右，粗大的树干需要至少3个成年人才能合围。该树被列为《四川省古树名木名录》二级保护古树。

孙家梁的山脊比较短，气势较弱。柏树蓬勃巨大的伞状树冠高高矗立在孙家梁的山脉尾部，让整个山脉陡生勃勃之气。这棵古树生长在红砂岩地上，缺水又缺肥，生长速度特别缓慢，每年只能长一点点高。

据当地人说，孙家梁的这棵柏树在几百年前属于一个财主家。当得知财主准备砍伐山上的树木时，孙姓族人忍痛付出高于市场价十多倍的钱财，才买下了这棵树所在的山林，从而保住了这棵树。

流年似水，岁月常新。

蓝天白云下，阳光透过古柏树细碎的枝叶，洒下星星点点的金辉。置身其间，如梦如幻。

（程凡）

何家塝黄连木：满树悲欢离合情

在旺苍县普济镇佛子岩村一个叫何家塝（原五星村五社）的地方，曾有大片黄连木，后来被大量砍伐，现在只剩下三棵黄连古树。

据当地老人说，他们小时候常常看见人们把砍下来的树剁成一米多长的木头，然后顺着山坡滑到下边的公路上拉

走。喜欢热闹的孩子们就在那些树桩中间跑来跑去，玩得不亦乐乎。后来，还有人常常去挖砍伐后的黄连树根疙瘩，把它们用来当柴火烧……

现在剩下的三棵黄连古树，有两棵在何家塝一户人家的房屋旁边，另一棵在不远处的洞岩碥一户人家的房屋下，树龄都在250年以上。

在何家塝房屋旁边的两棵古树中，有一棵黄连古树十分奇特。这棵树高28米，胸围4.28米，平均冠幅达17米。它恣意伸展的枝丫在头顶撑开一把巨大的绿伞，又像一片绿色的云朵在天空浮动。盘虬卧龙般的根紧紧抓住脚下的紫色土壤，暗褐色的树皮呈粗糙的鳞片状，好像要从树干上剥离出来。它的枝干与主干连接处，几乎都有膨突的树瘤，仿佛是大力士身上奋力鼓起的肌肉块。最下边的一对树瘤，应该是被砍斫之后留下的伤疤，已被岁月雕琢成了一对天然的艺术品，既像一对古朴的龙头根雕，又像一对翘着尾巴抱着树干仰头张望的猴子，正望着对面的佛子岩。

这棵黄连古树的树干长势尤为奇特，苍劲有力的树干，时而一分为二，时而合二为一；然后又是一分为二，二分为四，合二为一……分分合合的树干，曲折向上的生长路径，生动演绎了滚滚红尘间的悲欢离合！

历经数百年而不衰的三棵黄连古树，像洞明世事的沧桑老人，历百态而不惧，处波澜而不惊。人间枝头，各自乘流。

有诗为证：

> 分分合合天下事，是是非非尘世物。
> 念古惜今沐春风，满树激情赋巴蜀。

（何红梅）

“衙门包”上古老的“迎客松”

在旺苍县米仓山镇元山村三社元（圆）山坪的正中间，有一个巨大的圆形山包，名叫“衙门包”。这里海拔超过1000米，山包顶部生长着一棵树龄超过360年的油松树，特别引人注目。

“衙门包”之名的由来，与元山坪曾经在历史上的地位有关。

清嘉庆七年（1802年），朝廷听闻民间传说元山坪有棵树曾映照在汉高祖的脸盆中，认为这个地方气势足，有益官府办公，于是便在此地设置“宽滩汛”（又名广元分司衙门）。至宣统二年（1910年），这里的古“衙门”设置长达108年。

有资料记载，元山坪是当地史氏先辈在明末清初迁移至此插占落业的地方。史氏家族见这棵松树奇异独特，风姿秀

丽，对其百般珍惜，严加管护。时至今日，它已伴随了史氏18代子孙。

数百年时光就这样一晃而过。

如今，米仓山已建成国家级自然保护区，“鼓城山七里峡”已建成国家AAAA级旅游景区，慕名而来观赏这棵树的游客越来越多，这棵树被正式命名为“迎客松”。

这棵油松树高度超过12米，胸围2.7米，平均冠幅19.5米，东西冠幅19米左右，南北冠幅20米左右，冠幅垂直投影面积300平方米左右。呈灰褐色的粗壮的树干支撑起向四面八方伸展的树枝，营造出一片浓荫。当地许多村民都喜欢在树下歇息纳凉，联谊交友，追忆往昔。

2020年4月，此树被列为《四川省古树名木名录》二级保护古树。

当地退休老人史怀万先生曾赋诗一首，赞美这棵高山上的迎客松：

苍劲挺拔根基牢，寒来暑去色不凋。
枝繁叶茂躯干壮，顶天立地风姿骄。
昔日帝王盆中影，而今林海云上涛。
雄浑坚韧本天成，何用后人赞高妙。

从远处望去，油松好像一把巨大的绿伞，撑开在形如蘑菇的“衙门包”上，又像一位饱经沧桑的老人正向人们诉说着世间几百年来的风云变幻。

（胡兴菊）

世界上的松树种类繁多，如油松、樟子松、黑松、赤松、马尾松、黄山松、高山松、巴山松等。

油松，松科松属植物，乔木，是中国特有树种。其各部位都有药用价值，多性温，味苦。

油松材质硬，富含树脂，耐久用，可作建筑、电杆、船、家具等用材；树干可割树脂提取松节油，树皮可提取栲胶，经济价值丰富。

“四根松”旁的青冈古树

旺苍县盐河镇青山村有个地方，小地名叫“四根松”，因此地曾生长有四棵高大的松树作为“地标树”而得名。

后来，四棵大松树被狂风刮断，只剩下四根突兀的树桩。然而在它们背后森林里的一棵古老而巨大的青冈树，却依然郁郁苍苍，让人惊叹自然界的无限神奇。

这棵青冈树位于海拔1450米的高山上，树龄高达900年。树高30余米，胸围约6.5米，平均冠幅约12米。它被列为《四川省古树名木名录》一级保护古树。

当地的老人们说，这棵树的周围以前还是一片农田，后来随着人口迁移，农田又变成了一片森林。树下部还有一

个大树洞，是以前农家孩子们的天然游乐场，放牛的孩子们经常跑到树洞里打扑克、玩游戏。后来，这个树洞渐渐被树叶、枯枝和杂草淹没了。

青冈树本来是制作家具的上好材料，但这棵青冈树恰恰因为身上的这个树洞，得到了不被砍伐、悄然而生的“护身符”。

在这棵水青冈树的附近，生长有许多品种不一的树木，其中也有不少年轻的青冈树，有的甚至需要三人合抱，只是它们和这棵超大青冈树比起来，应该算是“小字辈”了。

这棵至少需要六个成年人才能合抱的超大古树，在几百上千年的时光隧道里，犹如神秘的穿越者巡视着苍茫世界、

芸芸众生。它不仅目睹了当年人们为躲避战乱在这里安营扎寨、休养生息的繁华胜景，也承受了四散分离、人去楼空的孤独寂寞。

这棵青冈古树之所以没像附近的“四根松”那样被狂风刮断，一定是因为它身后有莽莽苍苍的森林屏障，帮助它经受一次又一次的风吹雨打，迎来一个又一个黎明。

（向素华）

青冈，壳斗科栎属植物，常绿乔木，组成常绿阔叶林或常绿阔叶与针叶混交林。

青冈树木材坚硬，韧度高，耐腐蚀，用途广泛，可作车船、家具、地板、薪炭等用材；种子可作饲料、酿酒；树皮可制栲胶。

青冈树也是重要的园林绿化树种，能保持水土、改善土壤肥力，有重要的生态效益。

许家山古柏：一树乡愁浓

虬根入地三千尺，绿盖遮天百鸟朝。
游子他乡思刻骨，爹娘树下望云霄。

在旺苍县张华镇凤凰村许家山有一棵古柏树，它历经百年的风霜雨雪，却愈发根深叶茂、高耸云天，成为许家山地域性标志物，更是常年漂泊他乡游子心中的乡愁树。

许家山的这棵古柏树位于凤凰村四社许仕林房屋的院坝前，树龄已达370年，树高近20米，胸径79.7厘米，平均冠幅约20米。远看这棵树像一个“甲”字，又像一个挂在绿色田野与蓝色天空之间的硕大灯笼，更像一个伫立在家门口翘首盼儿归的老父亲。

1933年4月，红四方面军来到张华沟，开展了轰轰烈烈的打土豪、分田地运动；同年7月，建立了凤凰村苏维埃政府，隶属第五乡苏维埃政府。自苏维埃政权建立后，凤凰村的村民们便积极行动起来，配合红军作战，帮忙运送弹药粮食、站岗放哨、搜山查林……更有无数英雄儿女踊跃参军，扩大红军队伍，许典章、吴秀英、何三兆等就是其中的杰出人物。

1935年3月，红军离开张华沟，强渡嘉陵江北上抗日。待红军撤离后，曾经逃窜到深山老林的地主恶霸便卷土重来，大肆进行反攻倒算。他们所到之处，抄家刮粮，杀人放火，闹得鸡飞狗跳、人心不安。凡家里有参军或者为红军办过事的人，只得四处躲避。但无论到哪里，他们始终记得家的方向，记得家乡那棵大柏树。他们坚信，红军总有一天还会打回来，穷人总有出头的日子。就这样艰难地熬呀、盼呀，他们终于盼来了解放，获得了新生。

奔回故乡的人远远就看到令他们魂牵梦萦的大柏树竟然也遍体鳞伤。原来这些地霸土匪竟然将无辜的群众捆绑在大树上折磨逼供，想让他们说出有关红军的消息。古柏虽然被折磨得不成样子，却依然傲然挺立，乡亲们不禁悲喜交加。他们像照顾战友一样呵护着大树，后来大树被当地政府挂牌保护，还在周围安装了摄像头，再没有人敢伤它分毫。

如果说许家山的这棵古柏对年长者来说记忆是苦涩的，那么对年轻一代来说，记忆却是温馨的。

你看，男孩子们喜欢吊在古树的树枝上荡秋千，女孩子们则喜欢把皮筋一头拴在树枝上，另一头拴在栏杆上，开心地跳皮筋。更让大家喜欢的是夏天，左邻右舍端着土巴碗围在大树下吃饭，你夹一筷子我碗里的菜，我夹一筷子你碗里的菜，普普通通的农家饭菜吃出了玉盘珍馐的味道。

夜幕降临，只要有村民端一簸箕玉米棒子到树下，不用喊，周围的人就会自动围拢过来，一边摆龙门阵，一边帮着剥玉米。不一会儿工夫，所有玉米棒子都变成了金灿灿的玉米粒。大家拍拍身上残留的玉米须，对着月亮打个哈欠，便回家睡觉了。

改革开放后，凤凰村大部分青壮年人远走他乡求学、经商、务工。但他们无论是吹着塞北的风，还是沐着江南的雨，家乡那棵参天古柏总是在心底盘根错节，提醒他们自己的根在哪里，自己的未来又在何方……

2020年，这棵古树被列为《四川省古树名木名录》二级保护古树。

（火芒）

祠堂湾红豆杉：乡恋岁月苦

红豆玲珑清露染，蹉跎岁月凝乡愁。

在海拔近1200米的旺苍县水磨镇火花村祠堂湾冯氏坟茔中，生长着一棵“郁郁万虬枝，玲珑清露染”的红豆杉。

这棵红豆杉高约20米，主干胸围近8米，平均冠幅14米，最大冠幅17米多。树皮呈红褐色，薄质，有浅裂沟；展出的枝条或直立，或斜向上；镰刀状的叶片在树枝上螺旋状着生，羽状展开。

冯氏坟茔与这棵树有什么关系呢？

祠堂湾的一座墓碑上书写着铭文：“一世冯国安同祖母杨君于明弘治元年（1488年）自茂州落业于此。”此碑为清

同治三年（1864年）立。

据《冯氏族谱》记载，冯国安夫妇年事渐高，于是要求三个儿子为他们优选墓地。在祠堂湾里找到这一处地后，老人就从山里挖回一棵高约一米的红豆杉树苗栽下。从此，这棵红豆杉就在这里扎根生长。

据说，在一世冯国安携带家眷来此地安家落户之前，冯氏先祖也曾四处迁徙奔波，历经广西宜州、湖北咸宁、江西庐陵、湖北孝感等多个地方，饱受居无定所、风餐露宿之苦。从明弘治元年（1488年）到现在，冯氏家族又繁衍生息了十五六代人。由此推算，这棵红豆杉应该是冯国安后代在清同治年之前栽植的。此树已被列为《四川省古树名木名录》二级保护古树。

或许，昔日那些被迫迁徙、漂泊如浮萍的先辈们种下这棵红豆杉，就是为了寄托思念家乡的心情吧！

正是：

红豆寄相思，万般无奈皆为情；
风花伴雪月，咫尺天涯泪满襟。

（蒲守国）

红豆杉，红豆杉科红豆杉属植物，常绿乔木或灌木，植株高大，叶呈披针形或针形，雌雄异株。它在秋天会长出樱桃大小的红色豆形果实，因此而得名。

红豆杉具有医药价值，常用于治病、养生、健体。

红豆杉是第四纪冰川时期遗留下来的古老树种。因其生长缓慢、发育困难而极为稀少，因此被称作“植物界的大熊猫”。

第三章 情深意浓润万物

古往今来，情比金坚。人们在古树身上也寄托了许多美好的愿望和真挚的祝愿……

厚坝村古树人家喜相逢

在旺苍县三江镇厚坝村，有两棵树的树龄超过600年且被列为《四川省古树名木名录》一级保护古树。一棵是紫玉兰树，生长在赵家坪；一棵是银杏树，生长在小溪沟。

赵家坪的紫玉兰树是一棵两根，相距仅尺余，同是两人合抱之粗，同高30余米，且不弯不屈，笔直而生，就连枝杈、树冠都几乎一样，像极了一对双胞胎姐妹。

紫玉兰属落叶树种，别名辛夷花，分灌木和乔木。厚坝村的紫玉兰属于乔木。乔木类的紫玉兰根系发达，树干高大，枝繁叶茂，花朵为紫红或紫黄，艳丽芬芳。其果实小指头大小，纺锤形状，可入药。

走近看这对姐妹花树，它们长在一道岩石边，众多扁平状的巨根沿石壁而下，如一道淡绿色的瀑布飞流。那突起的根瘤和主根上寄生的苔藓、杂草、藤蔓，仿佛飞溅的“浪花”和“水雾”。沿石岩横生的巨大根须又宛如一双巨手，搂抱着泥土和落叶。

小溪沟里的古银杏树距离紫玉兰树约300米，树干粗大，高30余米，五六人方能合抱。在它旁边还生有一棵银杏树，树龄应该也在百年以上。

听当地老人讲，在这棵银杏树离根部50厘米左右的树干

上，原本有一个规则的圆洞，后来圆洞竟慢慢合拢变成一块圆形的疤痕。看来，时间真能愈合一切吧！

当地人说这两棵古树和当地的赵、何两家人相遇的故事，堪称神奇。

相传清康熙年间，湖北十堰的赵、何二姓族人自陕西汉中出发，通过米仓古道入川，寻找安居乐业之地，辗转至此。因旅途劳顿，大家就在这一对紫玉兰树下休息。忽然，一阵山风吹来，一片紫玉兰树叶飘然而下，竟稳稳地落在赵姓家主头上！

“莫不是天意如此?！”赵姓家人仔细端详这一对紫玉兰树，发现它们已有水桶般粗细，树冠如伞，荫蔽方圆数丈。在树的斜上方，有一块小斜坡，斜坡上面是一块像露珠一样的半圆形山地。“真是一个安居乐业的好地方！”大家随即

惊喜不已，便以紫玉兰树为界，插占为业（即用木片或者树枝在土地上做标记，标明这些土地的所属人家，然后开始耕种这些土地，作为自己的产业。一般认为“插占为业”是指当年“湖广填川”时，移民圈占土地落户安家），同时把该地取名为“赵家坪”。

为了感恩紫玉兰树的指引，赵姓族人还规定：凡赵家子孙，必须尽心尽责爱护这对紫玉兰树，决不能刀斧相向。

当时，何姓家人与赵姓人家分别后继续前行，寻找他们心中的乐土。神奇的是，大家没走多久，又在山脚下发现了一处宜居之地。

这里的地形是典型的“椅子形”，左右两山如扶手，两条小溪似玉带。在两条小溪交汇处有一块平地，平地上古木参天、浓荫蔽日。林子里生长的两棵银杏树更特别，一棵在山脚，一棵在两溪交汇处。银杏树不仅高大粗壮，还与山梁形成一条直线，仿佛向导一样指引大家在这里安居乐业。

看到这有山有水又有银杏树的好地方，何姓家人决定就此定居，繁衍生息，并把这里取名为“小溪沟”，

并沿用至今。大家还把这两棵银杏树当作家族的吉祥树，要求所有族人立誓保护，不砍伐，不伤害。

当年的两棵银杏树为什么只剩下了一棵呢？

据传何姓族人在此定居后的某天，暴雨倾盆，山洪暴发。无情的洪水冲向何家人的住地，生长于平地边缘的那棵大银杏树当即轰然倒地，横在小溪中间，堵住山洪带来的沙石泥土。最后，虽然保住了家园，但倒下的银杏树却渐渐死去。

从此，何姓家人对银杏树更加崇拜敬畏。为保护好遗存下来的这棵银杏树，他们还在树的根部用石头砌了一个高40厘米的圆形围墙，春治虫，冬添土，几百年来从未间断。

（何大尧）

树种简介

紫玉兰，木兰科玉兰属植物，为中国特有植物。

紫玉兰是中国历史悠久的传统花卉和传统中药药材。其花色艳丽怡人，芳香淡雅，孤植或丛植都很美观。其树皮、叶、花蕾均可入药，花蕾晒干后称“辛夷”。

紫玉兰不易移植和养护，是非常珍贵的花木，被列入《世界自然保护联盟濒危物种红色名录》。

黄连古树下，中医世家兴

在旺苍县三江镇三江村一个叫箭巴河的地方，有一户何氏中医世家，至今已有八代传人。

奇特的是，何氏家门前自然生长的一棵高大的黄连木，竟不知不觉伴随了他们200多年，见证了这个中医世家逐渐兴盛的历史过往。

清乾隆年间晚期，何氏一脉五代单传，至何林这一代，其父见其身体格外消瘦单薄，病态感强，十分焦虑，只能四处求医问药予以治疗。后来，经过一侯姓中医大半年的精心治疗，小何林的身体状况得到显著改善。

于是，对中医崇拜不已的小何林的父亲，将年仅14岁的小何林送到侯姓中医门前拜师学艺。聪颖好学的小何林经过师傅的悉心教授，很快熟知中医“脉诀”“药性”“汤头”，采药、切药、抓药、捣药等系列操作要领烂熟于心。何林到了18岁，成长为能看病抓药的中医大夫，后来还传承研制了“灵汤酒药”，并且提出了“行善举，做好人”的医道训诫，要求后人相传其秘方，并谨遵训诫。

自何林一代开始，到现在的何万君、何万兵兄弟俩这一代，何氏中医世家已传至第七代人了。改革开放后，何万君从事药铺生意，何万兵从事中药材经营。

到了第八代——何万君、何万兵的子女中，又有两人取得医学学士学位，目前在医疗卫生领域工作。

看到黄连树下，何氏中医代代相传，人们无不称奇。当地人还把何氏居住地称作“黄梁树嘴”。

何氏家门口的黄连木高30余米，树龄在400年以上。树皮已开裂成小方块状，枝有柔毛，枝密叶繁，甚为美观。这棵黄连木被列为《四川省古树名木名录》二级保护古树。

中医世家兴，悠悠岁月情。

何氏家门前的黄连古树，芳华依旧。

（蒲守国）

树种简介

黄连木，俗称“药黄连”，又称楷木、楷树、黄楝树，为漆树科黄连木属植物，落叶乔木。它是优良的木本油料树种，除了有食用价值外，还有很高的药用价值，其树皮和叶均可入药，根、枝、叶、皮还可制作农药。

尖角子古树：大山深处竞风流

在旺苍县天星镇洪水村一个叫尖角子的半山坡上，有两棵古树十分惹眼。一棵是银杏，树龄约800年，高20米，胸围5米多，平均冠幅约15米，被列为《四川省古树名木名录》一级保护古树；一棵是铁坚油杉，树龄约300年，树高达31米，胸围3米多，平均冠幅8米左右，被列为《四川省古树名木名录》三级保护古树。

传说400多年前，向氏家族一脉从盐河镇“四根松”移居到天星镇洪水村尖角子时，看到一片蛮荒之地上竟然巍然屹立着一棵高大的银杏树，顿觉此地充满祥和之气，此树也绝非等闲之辈，于是便高高兴兴地在这里安顿了下来。

当他们安顿下来以后，又在离银杏树不远的地方栽植了一棵铁坚油杉。也许是这里的土质和气候条件特别适合铁坚油杉的生长，不到半个世纪，铁坚油杉就已长成了高出银杏

树很多的参天大树。

尖角子向氏家族第十六代后人向德俊回忆，在他十多岁的一天，他正在山间放牛，有一支红军队伍刚好也路过这里。他听到战士们对这两棵古树赞不绝口，还强调说，一定要好好珍惜它们，保护它们。

看到两棵大树你不让我，我不让你，在深山峡谷竞相媲美，竞逐风流，向氏家人更是喜不自胜，把它们当作象征美

好生活的吉祥树，多加照看和管护。在人们尽心尽力的照看下，两棵古树愈发苍翠茂盛起来。

当年，随着银杏果市场价格的不断飙升，这棵银杏古树也仿佛迎来自己的第二春，又好像是在和铁坚油杉比赛谁的功劳大一样，结的果子一年比一年多，卖的价格也越来越高。每到银杏果成熟的季节，村民们都会像赶集一样，兴高采烈地聚拢采摘，银杏树周围常常充满了喜悦满足的笑声。后来，随着银杏果价格下滑，银杏树下又恢复了往日的宁静。

光阴荏苒，又是一年春来到。两棵历经百年风华的古树，昂首迈进崭新的21世纪。

（向素华）

郑家山的“爱情树”——黄连古树

在旺苍县西部山区的嘉川镇新生村郑家山半山腰的小路旁，有一棵树龄超过350年的古树——黄连木，因为见证了许多谈情说爱、喜结良缘的有情人，被当地群众开心地称作“爱情树”。

这棵黄连木古树高14米，胸围2.7米，平均冠幅13.1米，被列为《四川省古树名木名录》二级保护古树。

虽然这棵树的树干底部一侧的树皮、树心不知道何故出现损伤枯死状态，但整体生长状态良好。树干上面的枝叶依然十分茂密，为树下带来了一片绿荫。

当地传说，在这棵古黄连树下结下的婚约，就会如同古树的年龄一样，永结同心，百年好合。所以，当地许多未婚青年常常来到树下，互诉衷肠，共结连理。

一位老人开心地说，他在1956年参军离村的前一天晚上，就与同村的女朋友在黄连古树下私订了终身，现在夫妻俩已安然走过60多个春秋，尽享儿孙满堂的天伦之乐。

原旺苍煤矿退休老矿工也告诉我们，因为煤矿距离古树不远，当年许多工友们都会在下班后到这里来开展业余文体活动，唱歌的唱歌，跳舞的跳舞，下棋的下棋……甚是热闹。

正是：

草木有意树有爱，人间最贵是真情。

（钟寒）

邓家坝枫杨古树“伊人”如婳

蒹葭苍苍，白露为霜。所谓伊人，在水一方。

溯洄从之，道阻且长。溯游从之，宛在水中央。

……

《诗经·秦风·蒹葭》所描述的“伊人”场景和脉脉情怀，仿佛是旺苍县天星镇大山村里的一对枫杨古树的真实写照。

这一对枫杨古树的具体位置在大山村5组邓家坝的红岩沟西岸。两棵树相距仅10余米，胸径均超过2米，树龄均近500年。两棵枫杨古树均被列为《四川省古树名木名录》二级保护古树。

当地人说，邓家坝里的枫杨古树原来有三棵，可为什么现在只有两棵呢？当年的三棵枫杨树，原本都生长在红岩沟的溪水中央，后来一次山洪暴发，上游冲下来一块巨石挡在了这两棵树旁，硬生生改变了河水的流向，这两棵树因此免受洪灾侵袭，而未被巨石挡住的那一棵不幸被洪水冲毁。得以幸存的这两棵枫杨树，历经寒暑共枯荣，立地守望如夫妻，故当地人称为“夫妻树”。

后来，邓家坝的邓氏家族迁出此地，向氏家族移居至此，至今都已经生活了十几代人了。

因为这两棵枫杨古树年代久远、“辈分高”、“有震慑力”，当地人还让自家的小孩管它们叫“树爹”“树妈”，祈望树神对子孙后代予以关爱庇护。

真是：

古树合枝结夫妻，伊人如婳水中央。
前尘往事随风去，真情映照夕阳红。

（蒲守国）

树种简介

枫杨树，胡桃科枫杨属植物，落叶乔木，有“水麻柳”“榉柳”“麻柳”等多个别称。

枫杨树又名元宝树，因其坚果有两翅，几个坚果重叠成垂果穗，形似一串元宝，故名。

枫杨树特别耐湿、耐寒、耐旱，常作水边护岸固堤及防风林树种；树皮、枝干还是造纸及人造棉的好原料；树皮、根皮、叶子均可入药。

店子上枫香古树情满枝头

旺苍县普济镇月西村一个叫店子上的地方，生长了一棵至少600年树龄的枫香古树。树高26米，胸围5.53米，东西、南北方向的树冠冠幅都在15米左右。

这里的海拔超过1000米，土壤湿润肥沃。古树庞大的根系嶙峋挺秀地从深土中冒出来，在地面上延伸至周围20米左右之后，又如盘虬卧龙般嵌入了脚下的土地。

在古树铜壳般斑驳的糙皮小疙瘩上，还挂满了精壮的藤蔓，繁茂的枝叶间伴生着一些翠绿的不知名的小树枝丫。高大的古树笔直刚挺，枝繁叶茂，绿荫如盖。

数百年的历史风云，也赋予了这棵古树许多神秘的色彩。

传说很多年以前，村外有人觊觎这棵古树，想占为己有，于是在一个满天繁星的夏夜，带着一伙人鬼鬼祟祟地摸进村子，想用斧头将大树砍倒运走。谁知刚砍了两斧头，树身上竟然流出了血红的汁液，偷树贼以为惹怒了树神，吓得一溜烟地逃走了。

第二天早上，村里一个叫小木的英俊小伙发现一群美丽的蝴蝶围着古树上的一道伤口久久盘旋，不肯离去。原来，头天晚上偷树贼用斧头砍斫古树时，树里面住着的叫小花的美丽精灵挺身而出，用自己的胳膊挡住了斧头，树上流出的血色汁液就是小花受伤之后流出的血液。这些飞舞盘旋的蝴蝶都是来看望小花姑娘的。小木得知小花是因为保护古树受了伤，毫不犹豫地把自己的手腕伸向她，让她吮吸自己的血液恢复身体。小木与小花因此互生情愫，后来还结成了恩爱夫妻，生了一个可爱的小宝宝，一家人过着幸福快乐的生活。

有一次山洪暴发，眼看小木家的房子就要被洪水毁掉，

古树伸出所有的枝干，连同缠绕在树上的所有藤蔓，把小木家的小房子稳稳地搬移到树上，安放了两天两夜。洪灾过后，又稳稳地把它放回到原地。

就这样，日复一日，年复一年。树与人互敬互爱，相伴永远。

来到古树身旁，一阵微风拂来，树叶轻轻摇动，哗哗作响，仿佛在诉说，在斗转星移的岁月里，有日月山河做伴，有人们的精心守护，它情满枝头，从不寂寞。

2019年，此树被列为《四川省古树名木名录》一级保护古树。

（刘桂莲）

千年古树，峡谷情深

凡是到旺苍大峡谷森林公园旅游观光的游客，几乎都要慕名去参观高山上的两棵巨大古树——一棵是铁坚油杉，树龄高达1000年；一棵是高山栎，树龄已达700年。两棵树均被列为《四川省古树名木名录》一级保护古树。

因为这两棵古树名气很大，它们所在的位置被取名为“古树坪”。

铁坚油杉，松科油杉属植物，乔木，树冠呈广圆形，树干纹理直，为中国特有树种，分布于甘肃、陕西、四川、湖北、湖南、贵州等地。高山栎，壳斗科栎属植物，常绿乔木，一般生长于高海拔的山坡、山谷栎林或松栎林中。

据测量，古树坪里的这棵铁坚油杉，树高22.3米，胸径1.7米，胸围5.34米，5个成年人方能勉强合抱。此树平均冠幅18米，东西冠幅19.2米，南北冠幅16.8米。紧靠铁坚油杉下方的高山栎，树高15.1米，胸径0.58米，胸围1.81米，冠幅8.5

米。高山栎生长十分缓慢，木质特别坚硬瓷实，不易弯曲、砍斫。当地人常把高山栎称作“九老二”，用来比喻一个人太犟太倔，不懂变通。

远看这棵铁坚油杉冠大荫浓，树干坚硬似青铜，叩之铮铮有声，主干上有着造型奇异的瘤状突起。整棵树高大挺拔，气宇轩昂，仿佛一伟岸奇绝的美男子。相比高大威猛的铁坚油杉，这棵高山栎树就显得婀娜多姿、风情万种，仿佛一柔美多情的女子。

千百年来，生长在海拔1738米的这两棵古老树木，宛若一对有情人，任凭风吹雨打、风刀霜剑，永远相依相伴，生死不离。

更让人称奇的是，一棵碗般粗的古藤从铁坚油杉根部地

带凌空而起，蜿蜒直上，紧紧地与这两棵古树枝叶缠绕拥抱，成为它们心心相印的纽带。

这两棵古树还有一段千古传说。

相传，当地有一个地主的女儿爱上了长工的英俊的儿子，两人山盟海誓，永不分离。但地主死活不同意，执意要拆散这对恩爱鸳鸯。一天，地主准备派人将女儿押回去关起来，两人得到消息后决定私奔。他们手拉着手一路狂奔，翻过了一座又一座山，蹚过了一条又一条河，跑到山上的一座寺庙前时，累得实在跑不动了。眼看就要被人抓住，忽然，眼前一亮，两人瞬间化成两棵大树，“在天愿作比翼鸟，在地愿为连理枝”。

现在，古树坪旁仍然可见古庙宇的遗址遗迹。那根联结彼此的藤蔓，想必就是两人手挽手变化而来的吧！

有旺苍山歌为证：

入山看见藤缠树，出山看见树缠藤。
藤生树死缠到死，树生藤死死也缠。

（何光贵）

银杏古树相伴读书郎

在我们的记忆中，每座校园几乎都为莘莘学子建设有绿树成荫、鸟语花香的绿荫长廊。

在旺苍县五权中学的校园里，有一棵树龄达140多年的银杏古树，让这里的书香氛围更加浓厚。有诗为证：

银杏高台沐暖阳，未知百载几沧桑。
年年借得春风绿，相伴殷勤晓读郎。

这是一棵银杏雄株，树高16米，胸围2.85米，平均冠幅达12米。它矗立在校园西南角的一方土台上，树干笔直，枝叶均匀四散展开，算得上是树中美男子。

关于这棵银杏树的来历，传说较多，其中一种说法流传甚广。

清末时期，为了办好地方学堂，让下一代奋发图强，五权镇的何氏家族自发捐出一块坟场荒地用来筹办学堂，为广大子弟读书学习创造条件。可是学堂办好后，校园里怪事频发，师生人心惶惶，无法安心学习。后来经人指点，师生在学堂旁栽下一雄一雌两棵银杏树，以避邪驱祟。从此学堂安宁。

随着世事变迁，五权中学校园里的那棵雌树不知所踪，雄树也差点被人砍掉。后有开明之士用5元钱买下该树权属，交予五权中学管理。

2008年“5 · 12”汶川特大地震后，为保护好这棵古银杏树，五权中学对其生长环境进行了大力改造，不仅在树根部加厚了土脚，重新砌筑了土台护墙，还在土台东边修建了一座文杏亭，铺上了观赏步道，将银杏树周围打造成一座玲珑精致的花园。

在银杏树下读书学习的时光，已成为校园师生难忘的书香记忆。这里不仅是数百名孩子进入大中专院校的出发地，也是中国著名冰川学家张文敬、著名儿童作家李珊珊等知名人物成长的摇篮。

2020年，这棵古银杏树被列为《四川省古树名木名录》三级保护古树。

（蒋玉良）

石棺溪铁坚油杉、紫薇树侠侣情深

在旺苍县高阳镇温泉村六社（原宋江村4组）一个叫石棺溪的地方，有两棵高大挺拔、形如巨伞的古树并排而生。一棵是铁坚油杉，高大强壮，遒劲有力，充满阳刚之气，宛如俊男；一棵是紫薇树，俊秀舒朗，亭亭玉立，四季缤纷，形如美女。

石棺溪属喀斯特地貌，因岩上一洞形如石棺而得名。此

地山势陡峭，道路崎岖，草木茂盛。峡口上宽下窄，呈喇叭形，有万夫莫开之势。帅气如男的铁坚油杉和靓丽如女的紫薇树，仿佛一对厮守千年的情侣，站立在这远离人烟的大山深处，听林涛声声，看百花似锦，所以人们称它们为山里的“神雕侠侣树”。

铁坚油杉树高23米，胸围3.18米，平均冠幅13米，树龄320年，被列为《四川省古树名木名录》二级保护古树。紫薇树高度逾50米，胸围2.58米，平均冠幅12米，树龄1300多年。

在旺苍红色革命历史上，这两棵古树见证了军民鱼水情深的感人场面。

1933年夏天，一支300多人的红军队伍来到石棺溪附近的村庄，向老百姓宣传共产党、红军的主张和政策，广泛开展土地革命，打土豪、分田地。以前没有土地的农民都分到了土地、山林和财产，过上了吃饱穿暖的生活。不仅如此，红军还经常帮助群众干些种地、砍柴、背水等农活。看到帮助百姓翻身做主人的红军队伍缺少粮食，村民们很快自发地组织起来，为红军送去玉米、白面、腊肉、木耳、蔬菜等生活物资。

当时，大部分红军战士住在三条街的闲置民房里，但人多房少，于是部分红军就来到石棺溪，在这两棵古树下扎下营房，埋锅造饭。许多老百姓也前来帮助红军捡柴、烧水、煮饭、洗碗……军与民亲如一家，欢声笑语常常回荡在石棺溪的上空，萦绕在铁坚油杉和紫薇树的枝头树梢……

真是：

清风明月本无价，远山近水皆有情。

（柳斌）

紫薇，千屈菜科。紫薇属落叶灌木或小乔木，树姿优美，花色艳丽，花期长，有“百日红”之称，又有“盛夏绿遮眼，兹花红满堂”的赞语，是观花、观干、观根的盆景良材。其根、皮、叶、花皆可入药。

第四章

不老传说写春秋

神奇的传说让古树充满了灵性与魅力，人们追求真善美的初心永恒……

青冈古树伴『玉玺』

在去往旺苍大峡谷森林公园光头山景区的途中，一棵生长在公路拐弯处悬崖边的青冈树赫然映入眼帘，让人不由自主地停下来，驻足欣赏。这棵树高12.3米，胸围1.98米，平均冠幅7.5米。

这棵青冈树粗大的树干紧紧依靠在一块硕大的石头上。树枝四面展开，阳光透过树叶形成一道道霞光，让树和石头都闪耀着金色的光芒。特别是金秋时节，满树金黄，风姿绰约，分外美丽。

这棵树和这块石头都有一个传说。

相传在楚汉相争时期，汉王刘邦兵败旺苍东河后，被项羽率领的士兵追赶，眼看要被追上时，汉王急将手中的玉玺甩向山崖。为抢夺胜利果实，项羽部立即停止追击，转而寻找玉玺。在一个陡峭的山崖上找到玉玺后，项羽正要去拿，那块玉玺转瞬间却变成了一块巨石，牢牢镶嵌在山崖上。项羽见状，不甘心这块象征权位的“玉玺石”被他人拿走，便长叹一声，化作一棵水青冈，永远守候在“玉玺石”旁。

在青冈树的前方，有形状酷似一张老人脸的山崖，人称“老人崖”。传说是项羽的爱骑乌骓马回头看到主人化作了青冈树，一声悲鸣后化成一座山崖，也守候在这里。

青冈和水青冈是同科不同属的两种植物。青冈树，壳斗科栎属植物，落叶或常绿乔木，花是白色的，果实是黑色的；水青冈，壳斗科水青冈属植物，乔木，花是淡紫色的，果实是紫色的。

美丽的风景，精彩的传说，让旺苍大峡谷魅力无穷。

（何光贵）

阳坡子银杏古树的神秘声音

在旺苍县高阳镇双午村四社（原古柏村一社），有一个叫阳坡子的地方，那里有两棵相距5米左右、高30余米的银杏古树，且都是雌树。大银杏树东西冠幅12米，南北冠幅11米，树干胸围达6.5米；小银杏树东西冠幅7米，南北冠幅9米，树干胸围达4米以上。

这两棵树主干笔直，古朴而苍老。离地面2米处就开始分枝，树枝向上或向四周伸展。最大的树枝直径有40余厘米，长达10余米。树枝分布均匀，叶形奇特。树冠呈优美的椭圆形，伞状分布，姿态优雅大方。它们头顶一团蓬勃旺盛的绿叶，像一把撑开的雨伞，傲霜斗雪，百年不衰。

两棵银杏古树树根盘结，尽成连理；枝柯交错，相依相扶，荫盖数亩。虽历经岁月洗礼，依然神态自若，潇洒飘逸，让人叹为观止。当地人称它们为“母女连心树”。

据传，这两棵银杏古树经常会在半夜发出类似人的呼叫声。大概是古树已经成精了吧！

关于白果树精，当地还有一个神奇故事。

相传很久以前，当地有一侯姓女子，年方二八，眉清目秀，心灵手巧，是一位人见人喜的美丽绣花女。她绣遍了人间百花，唯独没有绣过白果花。为此，她感到十分遗憾，总是闷闷不乐。为了看到白果花的样子，侯姓绣女就一直坐在白果树下等待百果花开放。功夫不负有心人，七七四十九天后的半夜时分，白果树周围的天空突然出现了一道道奇光异彩。刹那间，白果树上就出现了白色、粉色、黄色等各种美丽的花朵，纷纷向绣女飘来。看到这不可思议的一幕，绣女一时惊喜过度，晕了过去，不久后竟撒手人寰，变成了白果树精。

绣女变为白果树精后，想起自己绣白果花的心愿未了，伤心欲绝，常在晚上发出哀叹声，听着十分凄凉，让人惊悚。但是附近的人如果用石块等物品击打树干，声音立即就消失了。

那么，这两棵白果树为什么会发出声音呢？

由于这两棵树生长年代久远，部分树干受到多种外力因素影响，逐渐形成了大小各异的树洞。又因它地处支溪河、侯家河的河谷风口上，四周没有遮挡物，遇到刮风时，大风就在古树缝隙和空洞内旋转、冲撞，所以发出了古怪的声音

和回音，当地人经常听见古树发出类似人的呼叫声这事也就不足为奇了。当然，即使知道了这两棵树发出神秘声音的真正原因，许多村民还是对其深怀敬意。

这两棵银杏古树每棵每年挂果都在千斤以上，可谓春夏满目翠绿，入秋一片金黄，与周围的农田农房相映成趣，仿佛一幅美丽的水墨画卷。

阳坡子的这两棵银杏古树已有240年以上的历史，2017年1月，它们被列为《四川省古树名木名录》三级保护古树。

（蔡勇）

汪家沟容颜不老的古茶树

在旺苍县五权镇双龙洞村的汪家沟，有一棵树龄超过200年的古茶树，虽经漫长的岁月洗礼，依旧秀丽多姿，容光焕发，傲然挺立在山坡上。这棵茶树高度只有1.5米，胸围15厘米，树冠1米左右，根部很粗。

古茶树不远处就是五权镇最著名的一座山峰——仙女洞山，这座山的下部杂草荆棘丛生，而顶峰为刀削似的绝壁，绝壁上寸草不生，靠近山的顶端位置有一个有着神奇传说的山洞。

传说仙女洞山是天上的一位仙女下凡来到人间的一处落脚点。此仙女心地仁慈善良，只要来到人间，就会治病救人、指导当地老百姓耕种土地，想尽一切办法帮助他们过上好生活。据说，这棵古茶树就是仙女来到这里后悄悄种下的，她希望当地百姓依靠茶叶产业过上富足生活。

从此，茶树在这里生根、发芽、展叶，越长越茂盛。后

来，人们发现这片海拔超过900米的土地，气候条件特别适宜种植茶叶，于是开始大量种植茶树，并有了种茶、制茶的传统，一直延续至今。如今，整个五权镇都大面积发展茶叶种植，为老百姓脱贫致富立下了功劳。

每到采茶时节，古茶树周围便常常回荡着村民们爽朗的笑声。古茶树上的翠绿枝叶在阳光下闪闪发光，迸发出蓬勃向上的生命活力。

（张惠茗）

茶树，山茶科山茶属植物，常绿灌木，常呈丛生灌木状。

茶树的嫩叶可制成茶叶，种子可以榨油，树干可用于雕刻。

茶叶中富含多种营养成分，具有特殊的医疗保健作用。

茶树原产于中国，后来鉴真东渡，将茶叶带至日本，后传播至世界各地。

中国是野生大茶树发现最早、最多的国家。

“圣树”之花盛开在大山深处

传说佛祖释迦牟尼的一生与四棵树息息相关。他降生于无忧树下，得道于菩提树下，涅槃于桫椤树下，其座下弟子首次结集于七叶树下。而无忧树是自尊而出世的象征，菩提树是向善而得道的象征，桫椤树是守信而圆满的象征，七叶树是尚和而传承的象征。

据说许多佛教寺庙的园林里都种植有这四种“圣树”。宋代文学家欧阳修曾写诗赞曰：“伊洛多佳木，沙罗旧得名。常於佛家见，宜在月宫生。”

在旺苍县国家AAAA级旅游景区——鼓城山七里峡景区里，就有一棵被誉为“圣树”的七叶树。每年4月至5月是七叶树开花的季节，花大而秀丽。远远望去，树上就像撒满了星星，亮晶晶的，像是仙女的眼睛，又像一团团发着白光的小灯笼，在大山深处熠熠生辉。

这棵七叶树具体位于旺苍县米仓山镇（原干河乡）金竹村里一个叫老屋基的地方，树高约20米，胸围近5米，平均冠幅14米，树龄约360年。

相传在闹饥荒的那几年，当地百姓家家户户靠吃野菜、草根、树皮、“神仙面”（白泥，又称“观音土”）艰难生活。由于极度缺乏营养，大家面如黄土，骨瘦如柴，走路都没有力气。当时，靠近金竹村的铁佛寺里有个老和尚，因长年在外化缘，学到了许多治病救人的本领。他听说村里的百姓有难，连夜从外地赶回来，组织寺里的和尚采来七叶树的树叶、花、果子，然后用大铁锅熬药汤给大家喝。没出十天半月，患病村民的身体竟逐渐恢复了正常。

从那以后，当地的百姓就把七叶树视为宝贝，家家户户轮流值守看护，还制定了护树民约，要求大家尽心尽力照看好这棵“圣树”。

诗曰：

圣洁如初未染尘，花开苦海渡凡身。
当年白马女才子，跃上龙庭便化神。

（张翅）

七叶树，被子植物门真双子叶植物纲无患子目一科，乔木溪灌木，落叶稀常绿。叶对生，系3~9枚小叶组成的掌状复叶，无托叶，叶柄通常长于小叶，常称七叶树。

七叶树原产于中国黄河流域及东部地区，生长较慢，寿命长。

七叶树具有药用价值，也是优良的行道树和园林观赏植物。

烂柴坝里会"吃饭"的白果古树

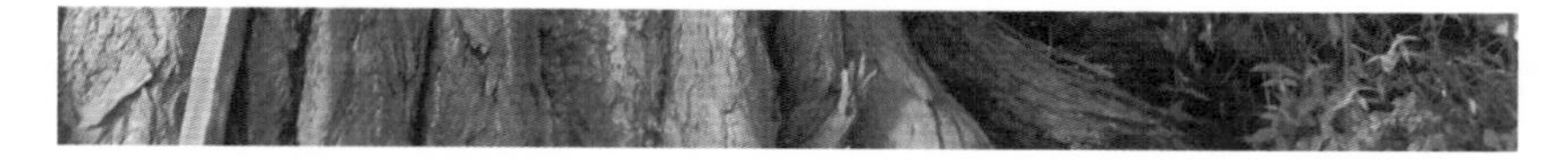

旺苍县檬子乡最北边的白杨村幸福社，又叫烂柴坝。这里有一棵古老的大白果树（银杏树），高高地耸立在一片墓地里。

这棵树树龄约800年，树高20多米，胸围超过6米，平均冠幅15米，冠幅垂直投影面积达600余平方米。树干粗壮挺拔，树冠呈球形，枝繁叶茂，果实累累。

这棵树在当地老百姓心中是“精灵”般的存在，大家都尊称它为“树神”，对它多加珍惜和爱护。

传说多年以前，此树曾幻化成一恶男在村子里兴妖作怪，多户家庭深受其害。后来，为了让“树神”护佑村里风调雨顺、平安吉祥，每年腊月三十或正月初一这天，村民们便将树皮砍成鱼鳞状的口子，然后将米饭、肉食之类的饮食喂入“树口”中，称为“祭树”。“吃上百家饭”的白果树就这样逐渐长大，陪伴着村民过了一年又一年。

近距离观察会发现，这棵白果树的主干不是常见的圆柱体形，而长成了不规则的八菱形。树干在离地面一米左右的地方分杈，分出来的树枝一根要高一些、粗一些，一根要矮一些、细一些。长得比较高的那根树枝中间又分出了三个枝丫，长得又直又高，但其侧枝又很短小，像是经过了精心修剪。据知情人说，这是因为前些年结果太多，坠断了枝丫，自然修饰了这棵树的形状，使整棵树看起来就像一个椭圆形。

当地人说，十年以前，这棵树每年都会结很多白果。到了果子成熟时节，十几户人家在树下搭起木梯架，然后人站在上面，用长长的竹竿敲树上的白果，小小的白果就随之哗啦啦地掉下来，纷纷落到草堆里、水沟旁……在白果市场价最高的时期，一年甚至可以卖几万块钱。后来，白果的市场价越来越低，成熟后的白果就几乎全部掉到地上，慢慢烂掉。

现在，一说起当年在树下抢收白果的场景，烂柴坝里的乡亲们都感慨万分，沉浸在浓浓的回忆中……

（胡兴菊）

鹿亭溪畔酸枣树的传说

在旺苍北部海拔近600米的高阳镇温泉村鹿亭溪畔，有一棵树龄超过170年的南酸枣树，当地人叫酸枣树。南酸枣树是一种散生的落叶乔木，属漆树科南酸枣属。这棵树树高26米，胸围2.89米，树干笔直，枝叶均匀四散展开，平均冠幅7米左右。

这棵酸枣树有一个动人的传说。

很久很久以前，这里就有人家生活。但因为位置偏远，土地贫瘠干旱，人们虽然一年四季辛勤劳作，却还是吃不饱、穿不暖，日子过得十分清苦。

有一次，天上的二郎神下凡路过这里，看见如此情状，心中不忍，便安排手下的草头神化身为鹿，引来溪水。有了溪水的浇灌浸润，这里很快变得土壤肥沃，收成渐丰，大家的日子越来越富足。

不料，一条坏心肠的黑龙知道神鹿引水的事后，认为自己的神威受到蔑视，就引发洪水妄图冲毁这里的房屋和土地，赶走居住在这里的人家，自己好霸占这里。在这危急关头，恰逢一位路过的云游高僧及时出手，和黑龙展开奋勇搏斗。最终，高僧打跑了黑龙，保住了两岸平安。后来，高僧为了防止黑龙回来继续伤人，便修建了一座寺庙，取名“回龙寺”，并在寺里住了下来。

一天，高僧要外出云游，为防止黑龙侵袭，就在寺旁石壁上写下了一个大大的“佛”字，又点化了岸边这棵酸枣树做鹿亭溪两岸百姓的守护神，守护一方安宁。从此，黑龙再也不敢来这里作恶，人们过上了安宁幸福的生活。

现在，距这棵酸枣树不远的地方，可以见到回龙寺的遗址，还有旁边石壁上那个巨大的“佛”字。

古树、古寺、高僧、“佛”字……让这棵历经百年风雨的酸枣古树显得愈加神奇。

如今，高阳镇温泉景区已成为远近闻名的风景区，古树、古寺的神奇传说，也吸引着越来越多的游客。

2020年4月，鹿渡溪的这棵酸枣树被列为《四川省古树名木名录》三级保护古树。

（蒋玉良）

南酸枣，漆树科南酸枣属灌木植物。树皮呈褐色或灰褐色，有紫红色或灰褐色的长枝，呈“之”字形曲折。

酸枣果“性平，味甘酸”，可食用、药用，具有一定的经济价值。其核壳可制活性炭；果肉可制酸枣面，做醋、酿酒；酸枣花是好蜜源。

酸枣木的材质坚硬，耐磨耐压，纹理细腻，是制造农具和雕刻工艺品的良材。

皂荚一梦侯家寨

侯家古寨讳如风，雾隐青山幻未穷。
虚负灰银三垫泪，还归皂荚一朝空。

这首《题侯家古寨》，说的是一段关于旺苍县普济镇侯家寨的血色往事。

明末清初，因长时间战乱，四川人口锐减，朝廷采取“湖广填川”的大规模移民政策，补充四川人口。在移民大军中，有一支侯姓家族来到旺苍县普济镇池川村的一座山上居住。

这座山原本是一座无主荒山，山上长有一棵高大的皂荚树。侯氏族人看见这里山清水秀、土地肥美，且山中多产草药、野果，资源丰富，于是勤加开垦，很快便积累起了巨额财富。

当时的这支侯氏家族究竟有多富？据说，他们曾将家中的银锭拿出来放在垫席上晾晒，足足摆满了三张宽大的垫席，而且这还只是其中的一小部分。

为保护家族财产，侯氏族人在山顶修起了两座坚固的寨堡，取名“侯家寨”。即便如此，他们还是被一伙土匪盯上了。

一天深夜，数十名土匪开始攻打侯家寨。他们有备而

来，又十分强悍，很快攻破了侯家寨。除了少数族人逃脱以外，大部分族人被土匪抓住了。

土匪们押着侯氏族人来到皂荚树下，逼问他们财宝的下落。可侯氏族人舍不得辛苦挣来的财富，任凭土匪拷打，就是不说。没想到土匪十分凶残，见问不出结果，竟然在皂荚树下将侯氏族人活活地烧死了！

后来，山上的寨堡慢慢地消失了，只剩下“侯家寨”这一地名。山上的这棵皂荚树在世代风雨中继续生长着，至今树龄已达350年以上。

皂荚别名牙皂、皂角等，豆科皂荚属植物，落叶乔木。侯家寨的这棵皂荚树属于散生树木，树高18米，胸围3.76米，冠幅达27米。它矗立在海拔909米的一处山坡上，虎干虬枝，枝繁叶茂，气象不凡，如一片飘浮的巨大绿云。

家住古树旁边的李明煜老人还给我们讲述了这棵皂荚树的另一个传奇故事。

据说在清乾隆年间，距此几百里之遥的南江县有一位大户人家的小姐，脸上生了恶疮，找了很多医生医治都不见好。其家人心急如焚，不知如何是好。

后来有一位先生献上一个乌木盆给小姐洗脸，小姐正洗脸时，却见盆中倒映着一棵皂荚树。先生说，此树正是百里外侯家寨的皂荚树，受天地日月灵气达数百年，已成了精，而且心存善念，只救人不害人，这次是替小姐治病的。果然，小姐洗了脸后，恶疮尽除，恢复如初。

当地村民说，侯家寨本来是一面比较陡的山坡，因为

有了这棵皂荚树，远远看起来就像一块平地。如今，侯家寨人生活越来越富裕，这棵皂荚古树也迎来了更加美好的未来。

2020年4月，侯家寨的这棵皂荚古树被列为《四川省古树名木名录》二级保护古树。

（蒋玉良）

树种简介

皂荚，豆科皂荚属植物，落叶乔木，有分枝的圆柱形刺；小叶卵状披针形或长圆形；花杂性，为黄白色；荚果带状，厚且直，两面膨起。

皂荚之名曾记载于《神农本草经》，李时珍曰："荚之树皂，故名。"

皂荚具有药用价值，同时也是良好的生态、经济树种。

黄松村英姿勃发的铁坚油杉

旺苍县天星镇黄松村，以黄松树居多而得名。

村里人所称的黄松，学名是铁坚油杉，松科油杉属。

这里海拔高达1350米，在连绵起伏的山岭上，险峻突兀的山岩上，黄松树们毫不畏惧险峻的高山和凛冽的山风，茁壮成长，一展英姿。

每当进入秋季，铁坚油杉树上的松针由绿变黄，山风吹

过，黄色松针如同一柄柄精致的宽而扁的小黄金针刀从树上掉落下来，飘飘洒洒，铺满山坡，宛如金色地毯，在阳光的照射下，闪闪亮亮，十分美丽。

在众多“黄松树”中，有一棵黄松特别高大古老，位于四社的黄松嘴上。它差不多30米高，胸围达3.8米，树龄已经360多年了。黄松村的这棵黄松树被列为《四川省古树名木名录》二级保护古树。

距离黄松嘴不远的地方有座山崖，叫苍子崖，它的外形酷似一只蛤蟆。这两座山峰在当地还有一个传说故事。

据说很久以前，有一只金凤凰从远处衔了一段松枝飞过此地，落脚栖息时惊动了在此修炼的一只蛤蟆。蛤蟆作势欲扑向凤凰，凤凰起身飞走，却把衔着的松枝遗落在此。从此，松枝在这里扎根生长、繁衍，终成满山松林。

后来，因为蛤蟆被那段有灵气的松枝砸伤，从此失去了法力，起身欲跃的姿势就定格在了这里，变成了蛤蟆外形的山崖。

当地还有传闻说，一位老先生来到这里，在地上随手插下一截松枝后说，如果松枝能成活，此地便是风水宝地。后来，这截松枝果然成活，并长成了今天的这棵参天大树。所以，当地人一直把这棵黄松树视为吉祥树。许多人家还让小孩拜它为“树干爹”，寄托自己的美好祝愿。

在当地人心中，山里的这些油松、黄松、青冈树，都是大自然给予他们的宝贝。这些树使此地山清水秀、人杰地灵，更是先辈们留给后代的绿色财富。

你看：

春天，树上慢慢抽出绿油油的嫩芽，像小眼睛一样张望着这美丽的世界。

夏天，树上渐渐开出红色的小花，若不细看，还以为是红色的树叶呢！

秋天，树上早早落下一个个松塔，乡间路上便有了一道红艳艳的景致。

冬天，它在寒风中巍然屹立，傲视苍穹。

（向骞）

桅杆坝古树的梦幻百年

旺苍县三江镇桃红村桅杆坝里有两棵古树：一棵是树龄350年的楠木树，高18米，胸围2.64米，平均冠幅13米，被列为《四川省古树名木名录》二级保护古树；一棵是树龄250年的银杏树，高22米，胸围2.72米，平均冠幅17米，被列为《四川省古树名木名录》三级保护古树。

楠木树长在人家屋角后，树干下部苍老的皮肤上有皴裂的斑块，上面点缀着青苔。树干往上3.5米的地方一分为二，如生出一双苍劲有力的手臂，托起年轻的枝丫，奋力伸向蓝天。银杏树长在房屋院墙的夹缝地带，高高大大的树干越过两层楼房，树枝上的银杏树叶，仿佛一把把绿色的小扇子在清风里摇动着新生的喜悦。这两棵高高矗立的古树，就好像桅杆坝里曾经矗立的高高的桅杆。

桅杆坝原名叫“龙口里”，因为这里的山脉地势像是一条巨龙张着的大口。清嘉庆年间，当地进士何某在此修建进士府官邸，并立双斗桅杆以焕门庭，故名“桅杆坝”。

据传这棵银杏树就是当年的何进士修建府邸时所栽，而楠木树的传说更为神奇。

一天，身怀六甲的何母午饭后打盹，忽见天边一大片紫色云雾向她家飘来。云雾中走出一白胡子老者，怀抱一刚出生的男婴，来到何母身边。何母正惊疑之际，那片紫云骤然凝成一团亮光，朝屋后飞去，“嗖”的一声扎进山脚的土坡里。一棵嫩绿的树苗随即冒了出来，瞬间长成一棵挺拔的大树，喜鹊在树梢间欢叫不止。何母被吵醒后，随着一阵腹痛，一个男婴呱呱坠地了。

何母将梦中奇遇讲给家人听后，家人们赶紧寻找那棵梦中的树木，果然在屋角找到这棵楠木树。众人大喜，认为楠木是华丽高贵的象征，这个小男孩日后必有出息。

这个小男孩就是后来考中进士的何某。

老人们回忆，桅杆坝以前还长有许多大的黄连树、楠

木树、银杏树和古柏树，长大的树枝甚至伸到河对岸，与对岸的古柏巨枝交错搭成天然的树枝桥，树荫遮天蔽日，甚为壮观。

后来，这些大树都被砍伐殆尽，那个显赫有名的进士府邸也被毁，变成一片废墟。那里只剩下一个残破的桅杆墩，墩子上还能看见精美的雕花、残存的字迹……

白驹过隙，世事如烟。

幸存下来的楠木古树和银杏古树，迎来了又一个春天。

（何红梅）

树种简介

楠木，又名楠树、桢楠，是樟科楠属和润楠属各树种的统称，有香楠、金丝楠、水楠等种类。

楠木属大乔木，树形高大，木材坚硬，价格昂贵，多作为船和宫殿用材。

楠木是中国的特产树种，材质优良、用途广泛，是楠木属中经济价值最高的一种，也是著名的庭园观赏和城市绿化树种。

楠木极其珍贵，已列入中国《国家重点保护野生植物名录》之中。

银杏古树福荫董家河

从旺苍县普济镇顺清江河而上，经月西村村委会继续向北顺河而行，就到了董家河段。

在董家河做客，当地村民总会讲一讲当地的一片银杏古树林的神奇传说。

位于董家河的这片银杏古树林，大大小小有好几十棵银杏树。其中最大的一棵是雄树，生长于海拔1019米的河滩缓坡上，树龄在300年以上。这棵树高26米，胸围2.85米，冠幅

达26米。2019年12月，此树被列为《四川省古树名木名录》二级保护古树。

这棵最大的古银杏树是过去的一位游方道人专门为董家河人栽植的，其原因是为了镇住祸害当地的一条银龙。

而在讲述银龙之前，不得不说说董家河畔一块高10余米、面积达100余平方米的巨大石头——“天官印”的传奇故事。

相传，远古时候，这里是一座十分高大的山，满山树木郁郁葱葱，一条小河从山脚下静静地流过。董家河的先祖们来到这里寻找安身之所，见此地虽然风景秀丽，但山体巍峨险峻，坡势也格外陡峭，对是否选择定居在这里十分犹豫。

一天深夜，周围突然传来了阵阵惊天动地的巨响。远远望去，只见山体开裂，巨石翻滚，五头泛着金光的大肥猪狂

奔下来，跳到山下的河里。人们不知道发生了什么事，顿时吓得大气都不敢出，只求灾难赶快过去。

第二天一早，惊魂未定的人们走近一看，只见山脚下堆叠了一块巨石，昔日陡峭的山腰却变成了缓坡，而且地肥水美。再细看那座山，极像一位天官（天上神仙官员）的官帽。看到这不可思议的一幕，有人恍然大悟地说，这不就是风水宝地中的“天官赐福”“群猪下山”吗？

从此，人们便在此安营扎寨，安居乐业，把后面的山叫“帽儿山”，把留在河畔的那块巨石叫“天官印”，把山下的这条河流取名为“董家河”。他们相信，有神仙保佑，一定会过上好日子的。

可是，董家河人在这里的安定生活很快引起了河里一条银龙的嫉妒，每到晚秋时节它就要发大洪水，想冲走那块天官印。在董家河人心中，这块四四方方的大石头就是镇守一方平安的天官大印。为此，大家十分着急，如果天官印被冲走，这里的土地便会失去保护，安定生活将一去不复返。

有一天，董家河来了一位游方道人，看了看这里的山形地势之后决断地说，只要在河岸栽植几棵银杏树，就能镇住邪恶的银龙，让这里恢复安宁幸福。因为秋时银杏叶似金，正好可以克制银龙。

人们依言赶紧种下银杏，道士遂将银杏树一一点化成仙。果然，此后银龙再也没有出现过，董家河人也渐渐兴旺发达起来。那几棵银杏树也不断变高变粗，枝繁叶茂，最后竟衍生成一片银杏林，颇为壮观。

（蒋玉良）

松梁上铁坚油杉树隐藏的秘密

在旺苍县国华镇古松村三社一个叫松梁上的地方，我们见到了一棵树龄达350年的铁坚油杉树，树高23米，胸径3.9米，平均冠幅13米，东西冠幅14米，南北冠幅12米。2020年4月，此树被列为《四川省古树名木名录》二级保护古树。

古树周围是一大片青冈林，南面是一个长20多米的滑坡面，古树的一半正好悬在崖边，树根裸露在外。那些暴露在外、酷似巨大鸡爪的树根，紧紧抓住脚下的土地，支撑起古树庞大的身躯。

虽然古树的生长地海拔近千米，且地势险峻，但它依旧枝叶茂盛、生机勃勃。广圆形的树冠遮天蔽日，蔚为壮观。每当山风拂过，满树的枝叶随风起舞，簌簌作响。

40多年前，松梁上因连日暴雨，出现大面积滑坡，在这棵古树根旁竟意外露出几块棺木和石碑，石碑碑文清晰可辨。根据碑文记录，一段尘封多年、动人心魄的传奇大片就此上演。

据说，明崇祯十七年（1644年），农民起义首领张献忠在成都称帝后，为兴修庙宇，发放白银5万两，征集徭役数千人，遍访名木古树。张献忠一亲信张某阮来到国华地区，最

终在张家营寻找到这棵粗壮结实的铁坚油杉树。他在惊喜之余，还即兴赋诗一首：

> 高山有铁杉，独傲松梁间。
> 四人环中抱，半截在云巅。

后来张献忠兵败，张某阮不敢再回成都，便留在了张家营。为了躲避清军追杀，他自编一双巨大草鞋，高高地挂在这棵古树上。追兵来到张家营，远远看到挂在树上的巨大草

鞋，误以为这里有天神般的巨人守候，便落荒而逃。从那以后，官兵再不敢踏进张家营一步。

由此，这棵树也成为张家的救命树。张氏家族规定，要合力保护好这棵树，永世不许随意砍伐，不许损坏。

更神奇的是，“树挂草鞋”的故事据说后来又出现在了与四川相邻的陕西汉中市。

民国时期，汉中市区有一户人家在清晨洗漱之时，惊奇地发现铜脸盆里出现一棵巨大的铁坚油杉树，树上赫然悬挂着一只巨大的草鞋，惊吓之余百思不得其解，便向当地寺庙住持求解。住持一听，认为预示不详，十分慌张，立即派人寻找并要求砍掉那棵挂着草鞋的铁坚油杉树。

一个月后，住持所派之人终于在张家营找到这棵树，便持利斧砍伐。可是“咚咚”几斧砍下去后，这棵树竟然渗出血水来，伤口处还开出许多白色的小花朵。张家人看到后惊恐万分，竭力阻拦，这棵树才免遭劫难。过了不久，住持所在的庙宇突发大火，并引燃了整条街，烧毁数十家民房。有人说，脸盆中映现的“树挂草鞋”本来是警示大家注意安全，结果住持理解错了，才引发了灾难。

……

时光流逝，白驹过隙。

或许，这些传奇故事的真实性，只有这棵铁坚油杉树才知道吧！

（杨奎昌）

第五章 岁月如歌你如诗

日升月落，世事变迁，沧海桑田。你因岁月而美丽，岁月因你而精彩……

老屋沟香樟古树的记忆

在旺苍县白水镇尚山村5组（原麻英乡建设村）一个叫老屋沟的地方，有一棵树龄高达900年的香樟古树。后来，此树被列为《四川省古树名木名录》一级保护古树，在当地特别有名气。

这棵树足有20多米高，胸径1.5米有余。它早已角质化了的厚厚的树皮黑黢黢的，表面开裂成鳞甲状的斑块纹路。树上最粗的树枝有30厘米左右，大大小小的枝丫呈45度夹角向上斜伸，加上密密麻麻的香樟叶，形成一个巨大的树冠，散发出勃勃生机。

这棵香樟树所处位置在当地有名的山峰——“金榜山”脚下。此“金榜”乃“金榜题名”之“金榜”也。据说，过去生活在这里的白氏家族中曾出了一位状元，并受到当朝皇帝的青睐。

当地老人讲，这棵香樟树下的人家以白氏家族为主。早年间，白氏家族为了躲避战乱，携家带眷沿着米仓古道从陕西辗转来到这里。看到这里山水环绕、鸟语花香，还有一棵高大

英武的香樟树犹如一位军士常年守护这里，认为这是一块难得的人居之地，便在此开荒垦地，修房建屋，安居乐业，还把这棵香樟树作为家族的吉祥树而多加照护。

可天有不测风云。清康熙四十年（1701年），这里发生了罕见的地质灾害，山崩地裂，古街被埋，死难者无数。屹立在山脚下的香樟树幸免于难，见证了当时的惨状。

后来，金榜山两侧的柏树被砍伐殆尽，而这棵香樟树因为被人发现有利可图（可用它炼制香樟油、制作家具等），才得以幸存。

据说当年有两人财迷心窍向香樟树伸出魔爪，仅仅使用其裸露在地面上的根作为炼油材料就熬制了半年之久。诡异的是，两人还等不及再度损害树木便暴病而亡。

据说，经历过生死浩劫的白氏族人为了防止有人破坏香樟树，还曾祭出一条“天规魔咒”警示坏人，大意是“谁若伤害此树，万劫不复”。

如今的香樟树，仿佛一位耄耋老人又焕发了青春，每天都伸出它巨大的手掌，向行人招呼问好。

（白现杰）

树种简介

香樟树，樟科植物，常绿乔木，整树有香气。其木质细密，纹理细腻，花纹精美，质地坚韧而且轻柔，不易折断，也不易产生裂纹。

香樟木是高品质香水的提取源之一。香樟木的香气可以驱虫防霉，自古以来就是制作衣柜等家具的好材料。

樟木成长期很慢，一般需要20多年才能成材，是稀有的上等木材之一。

常家沟古柏寄情山水间

旺苍县英萃镇关咀村里有条山沟叫常家沟，山沟两旁现在大多居住的是吴姓人家。

在吴氏家的祖坟地里，生长着一棵树龄达400年、被列为《四川省古树名木名录》二级保护古树的古柏。该柏树有20多米高，胸围超过2米，平均冠幅15.5米，东西冠幅16米左右，南北冠幅15米左右。树冠呈椭圆状，冠幅垂直投影面积近200平方米。

这棵柏树的主干在离地面约1米的地方开始分杈生长。一枝较瘦弱，一枝较粗壮。

较为瘦弱的这一枝，中间段还有点弯曲，并且枝干上有一面失去了树皮，裸露着里面灰白色的木质。不过，即使有

这条长长的伤疤，它还是努力地向上生长。其中，较为粗壮的一枝，直径1.2米左右，约在3米高的地方再分杈，枝丫紧紧相依，直直地向上生长；再往上，三条枝丫相互交错生长，茂密的枝叶形成一伞状树冠。

柏树树根盘虬交错，有的露出地面后又与石头缠绕纠结，树根缠抱着石头，石头支撑着树根，难舍难分。它们绕过石头后又扎进泥土里，紧紧抓住大地吸收养分。

这棵树的对面是吴家祠堂，中间隔了一条山沟。为了方便每年到祠堂里拜谒祖先，当年吴家人就在这个山沟里架起一座木桥，将柏树和祠堂连接了起来。为了保护木桥不被日晒雨淋，他们还在桥两边立起高高的柱子，然后架上横梁檩条，像修房子一样盖上瓦，当地人称其为“桥码头”。

后来，吴氏先辈经历了许多变故，家产没有了，桥也被毁了，但这棵树却在后辈们的全力保护下被保留了下来。

流水无意，山水有情。

古柏树以其坚忍执着的精神，始终守护着一方水土。

（胡兴菊）

苦难中开花的刘家河黄连树

人们常用“苦如黄连”来形容身世或遭遇的悲惨痛苦，殊不知，在旺苍县木门镇杨林村刘家河，一棵树龄达300多年的黄连古树也经历了艰苦的磨难，最终迎来了新生。

这棵黄连古树高近20米，胸围达3.42米，平均冠幅为5米。此树被列为《四川省古树名木名录》二级保护古树。

当地人说，这棵黄连树多年前曾遭遇了一次雷击，从树梢到树根的树干上，竟然被闪电劈开了一条长长的近20厘米宽的裂口，泛着幽光的木质层赫然裸露在外，十分吓人。加上遭受了雷电的剧烈灼烧，以前郁郁苍苍、富有活力的老树，转眼间就奄奄一息，仿佛一位半身不遂的老人，无精打采、萎靡不振，十分让人心痛。

在经历了四五年的自我疗伤、自我恢复之后，曾经稀疏的树叶开始慢慢变得稠密，黯淡无光的树枝、树皮慢慢鲜活，黯然神伤的老树终于慢慢振作了起来。春天来了，古树枝头又开出了小小的花朵，好像大病初愈的人，睁开眼睛看着恍若隔世的新奇世界。

这棵树之所以大难不死，主要还是因为它的根部并未受到重创，其发达的根系支撑着它慢慢地活了过来。

都说根深才能叶茂，本固方能枝荣，果如是。

这棵古树龙鳞般的褐色树皮非常坚硬，古朴厚重，虽经风霜雨雪侵袭，却不肯脱落，始终保护着里面的新生木质。在树根部位，几块大石头与裸露的根茎相互包围，你中有我，我中有你。

这棵古树长在一处黄壤地角，树干4米以下笔直刚挺，4米以上生出一个接近成人腰粗的大结节，结节以上的树枝多段扭曲散生。远远望去，活脱脱一棵巨大的盆景树。

强者如斯。即使生在干旱瘠薄的土壤里，遭遇天灾人祸，过着病魔缠身的日子，坚强的黄连树依然选择在苦难中开花。

（刘桂莲）

高坑河“兄弟樤树”喻家风

“教忠孝，友兄弟；和乡党，劝读书；勤职业，尚节俭；息斗讼，戒闲游。”这24个字是旺苍县水磨镇春笋村4组高坑河的黎氏族人的家训。

据《黎氏族谱》记载，明朝晚期，江西省临江府所辖百里街人黎氏，携妻罗氏入川，插占广元县（今广元市）大梁堡高坑寺（今春笋村）落业后，家业逐渐兴旺。

后来，黎氏后代赴高坑河拜谒祖坟时，发现先祖坟地中生长的一棵樤树，一根生两树，枝叶扶疏，交相辉映，亲兄弟般茁壮成长，很是欣喜，认为这暗合了《幼学琼林》中“兄弟既翕，谓之花萼相辉；兄弟联芳，谓之棠棣竞秀”之说，遂取名为“兄弟树”。以树为

证，后又拟定“黎氏家训”，训示后人“血脉相连，同族和睦”。

一代代人在“耕读传家”思想的影响下，黎氏一族虽迁徙移居多地，但一直保持艰苦奋斗、和气生财的优良传统，家业兴旺，事业发达。

檫树是主要的乡土速生阔叶树种之一，生长快，材质好，用途广，既可以制造油漆，又可以药用，还是良好的风景树种。

这棵檫树高30米有余，主干胸径超过3米。在主干约2米处，生出一对通直的枝丫。树的中空处，可置放一张农家

“茶几”，且能容两人对坐。

春天，嫩叶在高高的枝头摇曳，闪耀着鹅黄色的光芒；夏天，叶片转为绿色，浓荫遍地；秋天，树叶呈鲜红或深红色，浓墨重彩；冬天，叶落枝现，别具神韵。

苍老遒劲的树干上留有几处隐约可见的伤痕，这是当年工农红军在清剿川军的一次战斗中留下的弹痕。

时光不语，岁月不言，但古树证明了一切。

（蒲守国）

檫木，樟科檫木属植物，落叶乔木。树皮幼时呈黄绿色，平滑；老时呈灰褐色，有不规则纵裂。

檫木原产地为中国，其枝条粗壮，近圆柱体形；果近球形，成熟时蓝黑色而带有白蜡粉。

檫木根、皮及叶可入药。木材呈浅黄色，材质耐久，可用于造船、制作家具。檫木果、叶和根含芳香油，种子可制造油漆。

旗杆村里的“旗杆树”

树因村兴，村因树而得名。

因一棵树形如旗杆，得名“旗杆树”。当地村落因旗杆树之名气，得名“旗杆村”。

这个村子就是旺苍县白水镇麻英坝的旗杆村（原麻英乡旗杆村）。这棵“旗杆树”就位于该村三社寺坪坡上的月空寺西侧。

“旗杆树”高达18米，胸围4.6米，平均冠幅11米，东西冠幅12米，南北冠幅9米。据资料记载，该古柏约有1600年树龄，树干挺直，树皮呈淡褐白灰色。整棵树老枝纵横、古朴苍劲，有的枝条呈暗褐紫色，圆柱体形；有的枝条呈绿色，细长下垂。

这棵被当地老百姓披红挂彩的古柏，经历风雨洗礼，饱经沧桑而未毁，久历岁月而不衰，成为当地一道独特的风景，吸引了四方游客。

笔者发现，“旗杆树”所处的位置也是旺苍米仓古道的重要节点之一。这条古蜀道始自陕西汉中宁强县，是古金牛道汇入米仓道的重要间道。这棵幸存下来的古柏与广元剑阁境内的翠云廊古柏一样，都属于古柏驿道树，是古人植树护路的典范。

那么，“旗杆树”的旗帜形状究竟是怎样形成的呢？

据有关林业技术人员介绍，在一些高山山脊或者山坳风口处，总有一些生长畸形的大树。这是由于受周边山峰和

山脉的影响，一些山脊或山坳总是面临强劲的单向或多向风吹刮。生长在这里的乔木植株，从幼树起，就开始受到这样的风吹雨打，一直到长成大树。风不仅能降温，还会带走水分。向风面的芽体由于受风的袭击而损坏，或者因水分过度蒸发而生长缓慢，有的虽然能生长出枝条，但也比背风面的枝条少很多。时间一长，树干上方的树叶、枝条仿佛就像被风吹动的一面旗帜。这就是“旗杆树”形成的真实原因。

2016年12月，这棵古柏“旗杆树”被列为《四川省古树名木名录》一级保护古树。

（蔡勇）

作坊里的奇特银杏树

在旺苍县白水镇尚山村3组（原麻英乡新民村9组）一个叫包家河作坊里的地方，有一棵树龄达300年以上的银杏古树，被列为《四川省古树名木名录》二级保护古树。这棵银杏古树树高30多米，胸径约1.3米，虽然这棵树的周围有不少野草杂树，仍然难掩其卓尔不群的独特气质。

这棵银杏树的树形颇为奇特。你看，偌大一棵树，最大的枝丫却还很细小，与其高大的树干极不相称。有趣的是，这些枝丫以主干为轴心，差不多等距离围成一个圆，如车轮的辐条向外伸展开来。最奇特的是，这些枝叶围成的一个个车轮状圆圈，顺着树干一层一层等距离往上排列，等比例缩小，到了顶层就更小。这样，从下往上、从大到小的圆状树冠，远远看去就像是一座高高的尖塔，或像一把出鞘的利刀，直刺苍穹。

再看银杏树所处位置，是由四周巍峨耸立的青山围成的一个锅底状的峡谷谷底，四通八达的道路在这里交会，南来北往的行人在这里相聚又分离。

这个地方之所以被称为“作坊里”，是因为过去在银杏树旁不远处，有一家酿酒的作坊，规模虽然不大，但依靠纵横交错的交通要道，生意日渐兴隆。当时在银杏树上挂着的“酒”字旗幡，犹如峡谷里的导游旗，远远望去，醒目而温暖。

据说，当时作坊的主人，除了酿酒，还开设了茶坊、酒肆、饭馆、客栈，旅人们在这里歇脚、品茶、吃酒、饮马、住店……犹如繁华集市，热闹非凡。

世事变迁，沧海桑田。

古老的银杏树走过了蹉跎岁月，迎来了新生。

（白现杰）

木叶坪油松古树岁月不居

长松落落，卉木蒙蒙。

旺苍县天星镇大山村有个彭家坡，这里有个地势稍缓的地方叫木叶坪。木叶坪生长着一棵树龄超过300年的油松古树，成为当地有名的旅游景点之一。

这棵油松古树高30余米，胸径逾2米，斑驳的树皮呈灰褐色，皲裂成不规则的块状。大枝旁逸斜出，形成盖状平顶树冠，苍翠浓荫，遮天蔽日。此树被列为《四川省古树名木名录》二级保护古树。

这棵油松树所处的具体位置为彭家坡彭氏先祖的坟地里。彭氏一族自清朝初年从陕西迁徙至此后，就一直对这棵独特的油松古树爱护有加。

相传当时留在彭家坡的族人，常常将松树枝劈成长约20厘米、宽约1厘米的长条，做成“松光”，用来居家照明，比桐油灯更明亮、省钱。

岁月不居，时节如流。

这棵油松古树，虽不像柏树那样笔直挺立，不像榕树那样枝叶茂盛，不像桂花树那样翠绿油亮，但在四季更迭的时光里，独具风采。

正是：

日落山水静，为君起松声。

（蒲守国）

黄家营那棵白果树

“墓主黄大有，生于乾隆六十年（1795年），卒于咸丰四年（1854年）。嘉庆十四年（1809年）从阆中迁往广元百果树。”这是旺苍县（清时属广元县）米仓山镇大坝村七社黄家营里一棵白果树旁的墓碑上的碑文。黄家营所在地也被称为“百果树坪”。

黄家营如今居住着10多户黄姓人家，在村民黄万赵老屋的东北角50米处，一个形似撮箕口的缓坡中部生长着一棵白果树，远看就像一把巨大的座椅。这棵白果树高大雄伟，远近闻名，“白果树坪”由此而来。

据资料记载，这棵白果树已有400多年树龄，被列为《四川省古树名木名录》二级保护古树。此树生长地海拔1178米，高约19米，胸围3.7米，东西冠幅约10米，南北冠幅达13米，冠幅垂直投影面积约400平方米。

这棵白果树下，数不清的树根盘根错节，缠绕拥抱，一直向四周延伸，向地心深处扎去……

黄家营白果树不仅树干粗壮，枝叶繁茂，果实还多。1997年，曾对该树进行过人工授粉，当年产果300多斤（干果），收入5000多元。在当时，这已经是一笔不菲的收入了。

母亲曾经看见过白果树开花的奇异景象。多年前的一个夜晚，她正坐在家里包饺子，忽然发现对面一棵白果树上好像挂满了半截拇指大小的金光闪闪的小灯笼，分外美丽。可是当她想走近看时，却什么都没有了，一切又复归原样。听着母亲的讲述，我推测，可能是白果树夜里开花时，恰好被闪烁的街灯照耀出现的奇特景象。

“银杏开花成簇，青白色。二更开花，随即谢落。人罕见之。”诚然，银杏树虽然花开即谢，但依然掩盖不了其绝世风华。

（冯菊）

任家湾银杏古树话悲欢

初春时节，在旺苍县白水镇龙珠村仁家湾，一棵高耸入云的银杏古树，在春风中又开始吐出浅浅的新芽。

这棵银杏树高40余米，胸径超过2.6米，树龄已高达800年。整棵树高大挺拔、姿态优美，被列为《四川省古树名木名录》一级保护古树。

任姓一族自从在这棵银杏树旁边安家落户后，逐渐发展成为当时的名门望族，一时门庭若市，“仁家湾”之称远近闻名。

数百年沧桑岁月间，围绕着银杏树发生了许多故事，至今令人难以忘怀。其中有两个故事流传最广。

一个是银杏树下处决反动派的故事。

1933年冬，5名游击队队员来到任家大院为红军筹集粮食，不料遭到地方反动势力的强力阻挠。心狠手辣的坏人先是将游击队队员捆绑在银杏树上拷打折磨，第二天还将5人扔下悬崖。

后来，游击队来到任家大院，将杀害游击队队员的几名反动派押解到银杏树下进行审问，将罪大恶极的凶手就地枪决，为牺牲的战友报了仇。

另一个是银杏树人工挂果惹纠纷的故事。

1992年前后，银杏果（俗称白果）销售价格不断攀升，利润极大。任家湾村民为了让这棵银杏树能结更多白果，收

入更多，便四处寻求懂挂果技术的人前来进行人工授粉。

一位苟姓“土专家”应邀前来开展服务，当时村民还集体出资2600元作为苟老板的挂果报酬。

当年5月，经过技术处理的银杏树果然花繁果硕。稠密的枝叶间，翠绿的小白果密密麻麻地环抱满枝，如一条条翡翠项链在阳光下闪烁着诱人的光芒。看到树上的累累果实，苟老板和村民们喜不自胜，憧憬着白果丰收时的盛况。

可是，大家的高兴劲儿还没有持续多久，一场狂风暴雨就将大家的丰收梦击得粉碎。

那一天，狂风大作，雷雨交加。只见一串闪电后，银杏树上几根巨大的横枝轰然折断。伴随着巨响，树上沉甸甸、圆鼓鼓的白果也纷纷跌落在地。看到满地稚嫩的果实，部分村民认为白果的损失固然有暴风雨的原因，但主要还是技术员没有做好“控果”措施，导致果实稠密，树枝承载过重，易于折断。

于是，大家要求苟老板给予赔偿，但苟老板以“人力无法抗拒的自然灾害”为由，拒绝承担责任。双方私下多次协商未果，后来干脆诉诸法院。法院通过组织双方协商，最终以“苟老板退回1000元挂果服务费”的协调意见终止纠纷。

殊不知，树上未掉落的白果成熟后，竟采摘了1000多斤，卖了4万余元！而依照当时的行情，如果没有断枝损失，这棵树上的白果完全可以卖到6万元以上。大家最后也认识到，没有苟老板的技术挂果，是不可能收获这么多的。于是，心生愧疚的村民们又在售卖白果的收益中扣除1000元，补偿给苟老板。双方自此尽释前嫌，握手言和。

有人说，这棵银杏树的悲欢故事，像极了充满变数的人生。

（蒲守国）

竹垭村银杏树：浴火重生向未来

在旺苍县盐河镇竹垭村的半山腰里，有个名叫“白果树”的地方。这里生长着一棵古老的银杏树，树龄已达850年，树高近30米，胸围超过7米，平均冠幅9米多。此树被列为《四川省古树名木名录》一级保护古树。

这棵古树的具体位置在向光林老人家的房屋后面。因为树大根深，年代久远，远近闻名，这个地方就被人叫作“白果树”，原来的小地名就渐渐被大家遗忘了。

这棵树虽然“年寿已高”，却展示了它非凡的生命力。

你看，树的根部虽分成了两枝，但两枝却紧紧拥抱在一起，齐齐向上生长。在大树的3米高处，两根紧紧相连的大枝丫各自分杈，形成4根大的枝丫笔直向上，直插云端。强壮有力的身躯，青翠欲滴的树叶，枝繁叶茂的景象，仿佛活力四射的年轻人，浑身充满了力量。

很久以前，这棵古树遭遇了一次生死考验。

据当地老人说，以前这棵树的下半部有一个巨大的树洞，小孩子经常会到树洞里玩躲猫猫的游戏，欢声笑语常常响彻云霄。

一个晴朗的夏日午后，几个小孩看见一只可爱的松鼠三蹦两跳钻进了树洞，立即过去围堵。可跑进树洞里一看，哪里有松鼠的影子！大家就想了个办法，在洞口点燃树叶，把松鼠熏出来！

谁知道，由于树洞口堆叠的树叶较多，火越烧越旺，孩子们吓得哇哇大叫！得知消息的大人们赶紧跑来浇水灭火。可是风助火势，用水扑火已经阻止不了了！

眼看大树分杈的地方都快被烧穿

了，于是大人们又兵分两路，一路用稀泥封住树上被烧穿的洞口，一路在树下用砖块、泥土堵住树洞。这样两头封住后，树洞里面缺少氧气，不到一小时，火渐渐熄灭了。

大家都以为遭遇火灾后的古树活不了多久了，谁也没想它竟然越活越精神，再生后的树叶更加翠绿鲜活，枝干更加粗大强壮，仿佛凤凰涅槃，浴火重生！

老人们说，经历了那次火灾后，这棵树每年的白果产量不降反升。在白果市场价格攀升的那几年，每年的收益都有5000元左右，后来还有客商愿意出价8000元收购此树的白果种子。这对当时的普通农民来说，可以算是一笔巨款了。

此树火灾后的长势之所以越来越好，一是因为没有伤及根茎，二是顺带把寄生在树上的一些害虫、病菌也烧死了，相当于经历了一次“火疗”“保健”。古树借此得以重振雄风。

曾有人想要砍掉这棵树制作大粮仓，结果在村民的劝阻下，仅仅用最上面的一根分枝，就做了一个能装下2000多斤粮食的大柜子，还用剩下的木材制作了几十个语录板。树木之大，可想而知。

80多岁的向光林老人说，古树长得很慢，这棵树在他爷爷的爷爷儿时就这般大了。“我从小看它长到现在，也没明显感觉出究竟长了多高。”

也许，对于古树来说，时光很慢，但岁月很长。

回望漫长岁月，正是无数严寒酷暑、风刀霜剑的严酷磨砺，让这棵树毫不畏惧生命历程中遭遇的种种艰难险阻和生死考验，反而迸发出奋勇向上的奋斗激情。

凤凰涅槃，浴火重生，感动天地间。

（向素华）

第六章

古树成群展风华

天地间的植物化石，人世间的奇迹相遇。绝世容颜，一眼万年……

水青冈：
旺苍原始森林里的植物“活化石”

谁也不会想到，在苍茫辽阔的旺苍县北部米仓山原始森林里，生长着大片大片世所罕见的水青冈，其中米仓山核心林区就有7000多公顷的原始水青冈林。这里是世界水青冈属植物的起源和现代分布中心，也是目前世界上水青冈属植物原始林保存面积最大、种类分布最集中的地区。

因水青冈树种最早出现在7000万年前的白垩纪，曾经过第四纪冰期严寒气候的考验，素有“植物活化石”之称。

水青冈是壳斗科水青冈属树种，全球约10种，其中中国就有5种。它们分别是台湾水青冈、米心水青冈、光叶水青冈、钱氏水青冈、水青冈，均为特有树种。米仓山分布了4种水青冈，分别是台湾水青冈、光叶水青冈、米心水青冈、水青冈，堪称一绝。

旺苍县现存台湾水青冈223.76公顷，米心水青冈139.59公顷，光叶水青冈51.42公顷。其中台湾水青冈为国家二级保护树种，米心水青冈被国家林业和草原局列入《主要栽培珍贵树种参考名录》。

水磨镇国有林场金马工区，海拔在1700米以上，这

里的水青冈面积约17.54公顷，其中7棵台湾水青冈都实施了挂牌保护。这7棵台湾水青冈平均高度约10米，平均胸围约12厘米。在高大的水青冈树下，伴生着许多高山杜鹃和箭竹，地面上还覆盖着厚厚的苔藓和经年累积的落叶。

笔者观察台湾水青冈，发现它腰身挺拔，一茎向上，未达一定高度不蔓不枝，不急不躁，等到超越了大多数树木的高度后，才在顶端伸展开绿伞似的树冠。斜生出的枝丫也不是那么通直，而是稍稍有点卷曲，更显出一点妩媚的风姿。整体高大挺拔，有种屹立于天地的威然气势。

每年到了秋天，水青冈树叶逐渐变成耀眼的黄色和夺目的红色，绵延的森林呈现出耀眼的黄和夺目的红，森林从蓊郁的绿色汪洋变成一望无垠的彩色林海，犹如人间仙境，夺人心魄。

据了解，水青冈的繁殖方式单一且很难人工繁殖。为保护繁衍这一珍贵树种，旺苍县林业部门正加强与有关林业科研院校（所）合作，研究探索水青冈除种子繁殖外（如扦插、嫁接、组培等）的繁育方式。

蓝天白云下，行走在遮天蔽日的原始森林里，与历经千万年而不绝的水青冈零距离接触，无不为苍茫宇宙间的地球生命而喟叹。

万物有灵，生生不息。

（张惠茗）

水青冈，壳斗科水青冈属植物，乔木，植株高大，寿命长。

水青冈生长于高海拔山地杂木林中，与常绿或落叶树混生，常为上层树种。

水青冈木材刨面光滑，纹理美观，耐磨轻柔，可作航空器材、车辆、纺织、建筑、家具等用材。种子可食，也可榨油供食用或工业用。

水青冈树形端正，秋叶鲜黄，是观赏秋色的好树种。

根连根、心连心的茅垭子古柏群

位于旺苍县北部深山的英萃镇有许多古树，崇山峻岭间散生或群生着柏木、油杉、枫香、香椿、银杏等多类古老树种。该镇新房村九根社一个叫“茅垭子”的地方，排列着整整齐齐的古柏树群，在众多古树群里显得十分特别。

这是一列很少见的非单棵的由四丛沿一条直线分别生长的柏树。前面三丛，丛距5米左右，每丛生三棵；每根树干均有一人合抱之粗，其中一丛树需四人方能合围；树枝分别向不同的方向仰伸，形成一个完整的华盖树冠。最后面一丛距离前面三丛20余米，原来丛生9棵树，50年前被人砍掉1棵，现在剩下8棵；每棵树的树干略比其他三丛的树干细一些，树形显得婀娜多姿。

这一列古柏群位于茅垭子垭口上方约500米的地方，像一堵墨绿色的墙，经受着大自然的风吹雨打。

更加奇特的是，这四丛柏树虽然距离不一，但它们深入大地的树根却是相互交织在一起的，真正是“根根相连，心心相印”。当年民工挖开树丛下面的泥土发现了这一神奇的现象，让人觉得不可思议。

那么，这一列本来四丛共18棵的柏树群，为什么一直被人称为“九根树”，并以此改社名为“九根社”呢？

有分析认为，可能是因为前面三丛共生9棵树，后面一丛也是9棵树；按照“九九归一，终成正果”之寓意，于是以“九根树”指代这一列古柏群。这里的

“九根树”很早就成为当地一大特色景观。

让这一处古柏群闻名遐迩的另一个原因，则是一个神奇的传说。

很早以前，在九根社对面的山梁上建有一座规模宏大的寺庙——东岳庙，每年农历三月二十八是该庙的庙会日，四面八方的信众都会前来拜祭东华帝君。

有一年庙会前夕，东华帝君带领九名侍卫提前来到东岳庙，准备接受信众的朝拜，哪知遭遇了一伙曾经被东华帝君打败的妖魔鬼怪的复仇。

双方经过一天一夜血战，从响水洞杀到响水河，从楼房沟杀到茅垭子，终于将妖魔鬼怪全部消灭。但是，九名侍卫也遍体鳞伤、奄奄一息，只好在茅垭子山梁上端坐一排，调息养伤，恢复元气。到了第二天中午，九名侍卫虽然恢复了元气，但已无法回到仙界，便毅然化身为一棵棵柏树，根连着根，心连着心，永远守护在这里。

有诗为证：

九剑寒光荡寇平，凛然正气天地行。
春来约鸟枝间唱，心心相印梦想成。

（张翅）

“古柏墙”遮风挡雨“五房里”

“五房里”是旺苍县盐河镇青山村里的一个小地名，位于盐河场镇东北方向约200米的地方。

据说这里居住的大都是向家五房的子孙后代，故名“五房里”。现在有60多户人家常年生活在这里。

“五房里”地形很特别，东南西北全是山，而且山势十分陡峭。由于山峰阻挡，从东向西的河风在西北角拐弯，吹向南面，又在西南角形成一个宽阔的豁口。

奇怪的是，即使猛烈的四季风从西南角的豁口吹向“五房里”，这里的人家居然也未受影响，这是什么原因呢？

原来，村子边生长的39棵古柏树，从南边一直延伸到西北边，一棵挨一棵，枝丫交错相拥，成为阻挡山风肆虐、保护村民的“挡风墙”。

这些古树树龄都已超过250年，最大的胸围2.7米，最小的胸围1.3米，其中胸围2米以上的就有22棵。这些古树被列为《四川省古树名木名录》三级保护古树。

是谁栽下的这些柏树呢？

当地人传说，以前从西南角吹进“五房里”的狂风，每年都要掀掉不少房屋，给村民们带来很大的灾难。

望着高山环抱、河水潺潺的美丽家园不时受到河风摧残，向家族人虽多次商讨解决方案，最后还是未能形成一致意见。

正当大家焦头烂额之际，向家族人里的两个女人——一个李姓媳妇（时称“向李氏”）和一个刘姓媳妇（时称“向刘氏”）大胆建议：在村子边栽下一片树林，形成“挡风墙”，不就可以高枕无忧了吗？

听着两个女人讲述的“治风法”，其他人虽然觉得有些异

想天开，可是也没有更好的办法，只好任由她们“折腾”。

后来，向李氏、向刘氏两个女人下定决心，开始在村子边植树。再后来，她们亲手栽植的一棵棵柏树还真长成了一片林，形成了一堵墙！

随着“挡风墙”逐渐长高长大，“五房里”再也没有遭受过大的风暴灾害了，向氏家族也越来越兴旺发达起来，大家对“古柏墙”也愈加珍惜爱护。

当年“五房里”有人担心柏树林被收归公有，竟然想把这些古树砍掉，幸亏当时一些威望高的长辈极力阻拦，它们方才躲过一劫。

为了保护这一群珍贵古树，从20世纪50年代开始，这里还形成了一条不成文的规定：这些古树是大山里的宝贝，要保护好古树。谁毁坏了古树，谁就是历史的罪人！

代代相传的爱树护树传统，让“五房里”的古柏群安然走过了一个又一个春夏秋冬。

（程凡）

原生古茶树，古道吐芬芳

武王伐纣、仓颉造字、诸葛屯兵、楚汉争霸、红军入川……

旺苍县境内的米仓古道在历史上曾演绎了无数动人的故事和传奇。

穿过历史云烟，见证山乡巨变。

米仓古道沿线生长的古茶树，从千百年前一路走来。

在旺苍县檬子乡、水磨镇、大两镇、三江镇、五权镇等地的米仓古道沿途，都有古茶树遗存，形成了原生古茶树群。

其中，该县北部山区大两镇境内的两汇村、金光村、德山村等地，就有存留总面积超过400公顷的古茶树群，是天然的茶叶种质资源库。

在这一原生古茶树群的核心保护区内，现存树龄在1000年以上的有5棵，500年至800年的有25棵，300年至500年的有68棵，100年以上的有1100棵。

这里的古茶树群数量庞大、品种繁多而集中。目前，中国农业科学院茶叶研究所已挂牌采样69棵，重庆市农业科学院茶叶研究所挂牌采样63棵。

旺苍北部山区多属于裸露型、覆盖型兼具的石灰岩喀斯特地貌，地下钙、铁、碘、锌、硒等矿物质含量丰富。得天独厚的地质气候条件，孕育了出类拔萃、香飘万里的米仓山茶。

由古茶树演化而生的米仓山绿茶外形扁直，色泽翠绿，香气浓郁高长；黄茶色泽鲜黄，光润匀净，鲜亮舒展；红茶色泽乌润，汤色红亮，香气醇和；花茶如同天降瑞雪，香气清悠，品位高雅。

古茶树也滋养了当地丰富多彩的茶叶文化。

如今，在旺苍百姓中延续传承的敬茶、施茶、唱茶、献茶、相亲茶，以及茶谣、茶歌等茶民俗、茶文化，更是让米仓山茶的魅力无限，前景更美好。

（蒲守国）

赵家瓦房古柏群：最忆乡情浓

在位于旺苍县嘉川镇群峰村5组的赵家瓦房旁，有一个由五棵古柏树构成的古柏群，依山而立，郁郁葱葱。

这五棵古柏中树龄最小的一棵有140年，被列为《四川省古树名木名录》三级保护古树；有两棵树龄达450年，被列为《四川省古树名木名录》二级保护古树；还有两棵树龄高达500年，树高都在24米以上，胸围均超过3米，被列为《四川省古树名木名录》一级保护古树。

有资料显示，大约1524年，当地赵氏始祖夫妇共同栽植了这一排柏树。其中有两棵距离较近，人称“夫妻柏”。

赵氏第五房后辈赵树林先生介绍说，因为家族史上有栽树、护树的传统，他的父亲就给他取名为“树林”，希望每一代赵氏家人都像古柏树一样热爱故土，茁壮成长，幸福美满。

数百年来，古树群始终是赵家瓦房最亮丽的一道风景，遮风挡雨，庇护后人。而最让当地人记忆犹新的是人们在古树下度过的欢乐时光。

以前，赵家瓦房附近还居住了很多人家。孩子们放学后都会如约来到树下，写作业、玩游戏，等待大人收工回家。大人们则在劳动之余不约而同地到树下休息，或谈天说地，或唠唠家常，大树周围常常充满了欢声笑语。

后来，为了方便大家磨米磨面，村民们还集体在古柏树下安置了一盘巨大的石磨。谁家磨米磨面，就有很多邻居前来帮忙，推磨的推磨，筛糠的筛糠，清扫的清扫，虽然辛苦，但大家忙得不亦乐乎。

老人们还说，当年红军剿匪时期，古柏树下还是红军队伍活捉土匪头子后将其就地正法的现场。当年发生在这里的革命故事，让这群古柏树更加充满了红色魅力。

风雨兼程，岁月如歌。

幽幽古柏群，最忆乡情浓。

（钟寒）

石岗村古树演绎不老神话

位于旺苍县北部山区的国华镇境内有许多被列入《四川省古树名木名录》的古树，其中位于石岗村“坟林里”的古树群规模最大。这里的古树群树种包括枫香树属、油杉属、银杏属3种，共9棵，其中7棵被列为《四川省古树名木名录》一级保护古树，2棵被列为《四川省古树名木名录》二级保护古树。其中位于该村一社母家沟“宗庙上”的一棵“超级古树”——铁坚油杉，不仅树龄最长，已达1000年，故事还最多。

这棵铁坚油杉树高21米，胸围6.5米，平均冠幅14米，东西冠幅15米，南北冠幅12米。枝叶繁茂的古树屹立在半山腰的土塬上，显得粗壮挺拔、古朴苍劲。

奇特的是，这是一棵两根的“连体树”。

在这棵树的主干往上高10余米处，自然分成两根枝干，高度都在11米左右，两者之间最大距离大约30厘米。它们的树皮呈灰褐色，粗糙皲裂，沟壑纵横，像是披上了层层鱼鳞，轻轻用手指一抠就能掉下来。

远远看去，这棵连体树仿佛是一对永不分离的夫妻，在天地间演绎同甘共苦、生死相依的不老神话，所以当地人也把这棵树叫作“夫妻树”。

这棵树从根部到主干分支处，有一条深深浅浅不规则的

槽状烧伤痕迹，格外醒目。烧伤的伤口长达10米以上，宽30厘米左右，树颠伸出的几根枯枝在风中颤动，仿佛在向人们讲述它曾经的不幸遭遇。

相传这棵奇异的大树曾惊动了天宫中的8位神仙，他们化身8个乞丐，怀抱拂尘、腾云驾雾，直奔母家沟而来，想一睹大树真容。8位神仙先是手牵手绕树围成一圈，纷纷惊奇不已，然后在大树下煮茶论道、闭目养神。谁料不小心失了火，大火借助风势竟将古树烧掉了半边，从此留下了这道长长的疤痕。

那么，这棵年龄最大的古树，与其对面山脚下“坟林里”的古树群有着怎样的关系呢？

当地人说，“坟林里”古树群中的4棵铁坚油杉，应该就是“夫妻树”的后代。因为“夫妻树”所处地势高，“坟林里”所处地势低，又在“夫妻树”对面大约300米的地方，“夫妻树”成熟的种子被风吹到“坟林里”后，自然繁衍出了“新生代”。

千百年来，“夫妻树”与他们的“儿孙们”就这样隔水相望，直到地老天荒。

（杨奎昌）

焦家沟古柏群的沧桑岁月

阳春三月，旺苍县米仓山镇元山村风光旖旎、气象万千。行走在青山绿水间的护林员吴军，仔细留意着元山村焦家沟古树群的生长状态和病虫害情况。路过有人的地方，他还会专门停下来开展森林防火、保护树木的宣传。

多年来，不管天晴下雨还是严寒酷暑，他都像照看老人一样，细心呵护着焦家沟的这片古柏林，饱含深情。

元山村焦家沟距离米仓山镇约9公里，平均海拔近900米。这里四周群峰环抱，山峦耸峙，树木葱郁，古木参天，溪流潺潺，瀑布飞溅。

焦家沟古树群共有古柏树11棵，平均树龄500年以上，全部都被列为《四川省古树名木名录》一级保护古树。树高平均在21米以上，单棵最高28米以上；胸围平均3.7米，其中最大胸围5.8米；东西冠幅平均约11米，其中最大单棵东西冠幅15米；南北冠幅平均9米，其中最大单棵南北冠幅14米。这些古柏有的遮天蔽日，有的直上云霄，有的盘根错节，有的高大挺拔。

《旺苍县志》记载："焦家沟古柏，相传明末清初，赵姓在'湖广填川'时到此插占为业时所栽。"

现在的米仓山镇以前称"干河乡"。《旺苍县干河乡志》记载："焦家沟古柏，据考查，系明朝崇祯十七年（1644

年）赵氏婺忱、婺鳌、婺舟所栽。”（此处三个名字与《赵氏宗谱》所载不一致）

焦家沟古柏见证了元山村历史的沧桑巨变。

元山村村名来源于元山坪，原系米仓古道和东至檬子潭、西走国华镇的交通要道。因四周群山环抱，中间为圆形平地，故名“元山坪”。

根据四川广元赵家营《赵氏宗谱》记载，为了保护古树，赵氏后人也费尽了心思。

20世纪30年代初，地方甲长、赵家营族长赵某周砍伐柏树数棵，出售后将资金用于装修祠堂，引起族人反对。赵家营、罐子坝、大两会等地的赵氏100余人前来兴师问罪。赵某周向族人道歉，并出资在祠堂为先祖念经做道场7天，设宴款待族人，且天天将其双胞胎幼儿用滑竿抬到焦家沟先祖墓地跪拜谢罪。后经斡旋，此事才得以平息。

20世纪70年代，当地有人砍伐焦家沟墓地柏树9棵，随即受到赵克强、赵连基、赵全修等人竭力阻拦，赵全修还在一棵最大的古柏树上挂一木牌，上写“古柏壮气如龙，老墓静坐似虎”。于是人皆畏惧，不敢砍伐。为保护古柏，阻止他人继续砍伐，赵氏后人连夜向四川省林业厅（今四川省林业和草原局）写信反映情况，后来省林业厅下达批示，禁止砍伐。

20世纪90年代初，该村主要负责人赵孔修向村民宣布了一条纪律：村内各姓人栽植的古树都要保护，也不允许任何人到古树群里面砍柴割草，以免破坏其生态。从2013年开始，他还和赵冬生接受同族人的委托，自发组织开展清杂去乱、监督巡查等保护工作。

说起对古树的保护，护林员吴军更是深有感触："这些树太不容易了，历经几百年的风风雨雨，仍然顽强地存活着。"自从当上护林员后，吴军一见到古树发新芽、长新枝就兴奋得不得了，而遇到大风暴雨等极端天气，心里就格外惦念着它们。有一次，因连续多日下大雨，吴军十分担心村道公路边的古树群的安危，就干脆守在古树旁边监护。"当时提心吊胆地赶到现场，发现古树及周边土地情况还好，心里的石头才算落了地。"他说。吴军对古树的生长也非常关心。他会不定期用铲子、镰刀等工具，将影响古树正常生长的杂物、杂草一一清除，达到防治病虫害、延缓腐化的作用。

2016年12月以来，旺苍县林业部门多次组织有关技术人员对古树群进行调查核实，结果表明：长势正常。

望着顶天立地的古树群，吴军说："每一棵古树都像是一位年迈的老者，它站在那里，就像是在护佑后辈们。"

（蔡勇）

杜鹃花霞映米仓道

米仓有佳人，绝世而独立。

春和景明时节，米仓古道上，旺苍大峡谷森林公园里的800公顷高山杜鹃古树陆续开花，此地成为众多游人春季赏花的打卡必选地。

这些高山杜鹃古树群集中分布在森林公园里一个叫光头山的地方。这里海拔2276.4米，长度约50公里。高山杜鹃为杜鹃花科常绿小灌木或小乔木，多生长在海拔2000米以上山地阴坡的冷杉林中或林缘草坡上。

光头山的高山杜鹃树大多六七米高，冠幅五六米。古树分枝繁密，多呈伞状。高山杜鹃的叶常散生于枝条顶部，革质，上面呈浅灰至暗灰绿色，下面呈淡黄褐色至红褐色。叶柄被鳞片。花序顶生，伞形，有花数朵；花冠宽，呈阔漏斗状；有红色、紫色、淡紫蔷薇色、白色等多种颜色。

杜鹃花开时，漫山遍野的花团，如燃烧的火焰，似天上的云霞，铺天盖地而来，又像一群群婀娜多姿的仙女，笑逐

颜开，款款而来。远远看去，连绵起伏的山峰仿佛穿上了五彩衣，变成一幅又一幅流光溢彩的水彩画，绚丽夺目，让人沉醉不已。

据了解，全世界约有960种杜鹃花，其中中国就多达530余种。旺苍大峡谷有高山杜鹃6种，尤以四川杜鹃、云南杜鹃为最美，其花大色艳，灿若朝霞。

在这片杜鹃花海中，有3棵树龄500年以上宛如一家人的高山杜鹃树特别引人注目。其中一棵树龄已达600年，被称为“杜鹃树王”。

勘测显示，“杜鹃树王”树高6.8米，8头簇生，地径3.34米，最大枝干胸围0.81米，平均冠幅7.8米，东西冠幅7.4米，

南北冠幅8.2米。树龄排名第二的那一棵，树高6米，胸围0.735米，平均冠幅5米，东西冠幅5.5米，南北冠幅6米，被称为“杜鹃树后”。树龄排名老三的那一棵，树高6.2米，胸围0.647米，平均冠幅6米，东西冠幅6.5米，南北冠幅5.7米，被称为“杜鹃树王之子”。它们均为四川杜鹃。

旺苍大峡谷是米仓古道的重要组成部分，也是入川进陕的重要通道。1949年12月中旬，解放军某部从陕西汉中进入盐井河峡谷等地剿匪，解放了旺苍北山地区，满山杜鹃烽烟历尽，尽展芳华。

每到花开时节，那3棵高山杜鹃古树，更是老树开新花，朵朵美如画，引得无数游客赞不绝口，流连忘返。真是：

峰连十里杜鹃花，岭叠风翻涌彩霞。
千年古树生机旺，霞光万丈映米仓。

（何光贵）

杜鹃，杜鹃花科杜鹃花属植物，落叶灌木或乔木，分枝多，叶为革质；花冠呈阔漏斗形、倒卵形，一般簇生于枝顶，有玫瑰色、鲜红色或暗红色等颜色。

杜鹃是中国自然野生名花之一，也是世界知名高山花卉之一，是重要的森林植被组成种类，具有较为广泛的药用价值。

高山杜鹃，原产于中国，为杜鹃花科常绿小灌木或小乔木。其叶、根、花均可入药。

高阳古茶树群的王者风采

一片山间茶叶，既能让冲锋陷阵的将士战力倍增，也能越过千山万水，成为皇廷贡茗，天子最爱……

在旺苍，茶叶中的王者当属于高阳贡茶。

在旺苍境内的汉王山腹地，有一段坡状地块，人称“高阳坡”。在海拔793.4米的高阳坡，有4棵被石质围栏保护起来的古茶树，它们就是书写茶中传奇的王者。

汉王山，即汉王刘邦避敌屯兵之地。在楚汉争霸的烽火硝烟里，刘邦越过秦岭，远赴西陲，见这里“五峰并峙，形如莲花”，且山下有温泉以去乏，山上有茶叶以提神，便渡河入山，休整操练，以待再起。故山名汉王山也。此外，民国《重修广元县志》载：“汉王避敌……渡河入山，故山名汉王山。”

当年汉王将士所饮之茶，就是高阳茶。

民间传闻武则天喜品茗，尤喜高阳茶。

据传，武则天被选入宫后就将随身携带的高

阳茶献给皇室，众人大赞。高阳茶从此被列为皇家贡品，“高阳贡茶”随即享誉四方。

据《利州志》载，唐玄宗为避“安史之乱”到蜀，途经利州府，官员随即敬奉产于旺苍高阳坡的茶汤，玄宗饮之大悦，遂赐名“知善君子”。

时光飞逝，暗淡了刀光剑影，远去了鼓角争鸣。当年的高阳茶树，留存至今的就是我们见到的这4棵古茶树。

因独特的土壤和气候条件，高阳茶具有叶底鲜嫩匀整、色泽绿润、汤色明亮、滋味醇厚、栗香可口、经喝耐泡等突出特点，多次在国际国内茶叶比赛中获得金奖。

据了解，这4棵茶树树龄270余年，高约3.5米，冠幅1.5米。主干粗壮，多分枝。叶片暗绿，脉纹粗实，上下排列，两两并生。它们被列为《四川省古树名木名录》三级保护古树。

（蒲守国）

第七章

绿色情怀见精神

苍茫林海，生机无限；植树护绿，扮靓锦绣河山。生态文化，世代传承……

张家营铁坚油杉见证旺苍植树造林史

在旺苍县国华镇古松村3组张家营，有一棵古老的铁坚油杉树，虽经380多年的岁月洗礼，依然枝繁叶茂、生机勃勃，展现出蓬勃顽强的生命力。2020年4月，这棵树被列为《四川省古树名木名录》二级保护古树。

这棵树的所在地海拔887米，距国华场镇10多公里。树高25米，胸围4.7米，平均冠幅12米，东西冠幅12米左右，南北冠幅11米左右。

据当地人说，这棵树是清代官府鼓励民间大众广泛开展植树造林活动时所栽植的，它反映了中国植树造林的悠久历史和深厚的生态文化。

《旺苍县志》记载，旺苍县历来就有在住宅、祠堂、庙宇、道旁等处栽种各种树木花果的习惯，以美化环境、加强环保，同时寄托着福荫后代的美好意愿。

南宋时期，地方政府即开始广泛主导并倡导植树种果。明代，旺苍就有伍姓人家在家乡栽植松树10万棵，碑记犹存。

到了清光绪二十八年（1902年），地方还出台植树造林奖励办法，凡种植5万至10万棵树以上的，由官府予以表彰奖励。

张家营这棵铁坚油杉树生长在土地贫瘠的斜坡上，庞大的根系盘根错节，顺着地势四处蔓延，部分已裸露在外；灰褐色的树干纹理清晰，鱼鳞般的树皮覆盖在树的表面；枝丫向四处随意披散，或分杈、或交错、或重叠、或弯曲，纠缠奇崛，各具形态；条形叶片呈深绿色，树叶密密匝匝、严严实实；锥形树冠枝叶繁茂、遮天蔽日。

因树冠特别大，树下住着的一户杨姓人家的楼房也被树荫笼罩，院坝已被遮住，还有不少树枝伸进屋檐下，别有一番风情。

这棵铁坚油杉树不仅是张家营的标志树，也是古松村的代表树木。古松村之前名为沿河大队，因为这棵树的名气和意义，后来直接改名为古松村。因为这里所处的地势较高，居住在对面盐井河两岸的人们，推开窗户就能望见这棵古树。看见它，仿佛就能看见薪火相传的生态文化，就能看见无数植树造林的绿色大军，书写着“绿水青山就是金山银山”的光辉画卷……

（杨奎昌）

金竹园“铁齿铜牙”铁坚油杉

旺苍县天星镇黄松村里一个被叫作“金竹园”的地方，有一棵树龄已达500年、被列为《四川省古树名木名录》一级保护古树的铁坚油杉树，因其主干部分布满了铁钉、铁片和弹片样的疤痕，仿佛一个身披“铁甲”的巨人而远近闻名。

大树身上怎么会长出“铁齿铜牙”呢？原来这是当年有人为了保护这棵树而特意留下的“护身符”。

相传有一年，金竹园向家人听说有人准备把这棵树砍掉送给地方恶霸做木料家具，气愤不已，于是打算让这棵树“失去”做家具材料的价值，使对方知难而退。金竹园向家人把家里所有耕地用的犁耙和

铧铁都拿出来，用斧头敲下一个个耙齿——四方形、长约20厘米的铁钉，把铧铁敲成或尖锐或锋利的铁块、铁片，从树根开始，用斧头一圈又一圈地把这些铁钉、铁块、铁片钉进树里。于是，从树的根部到一人高的位置，也就是一棵树取料的精华部位，全部穿上了“铁甲”。

第二天，当砍树的人前来，发现无处下刀，只得悻悻而归。这棵铁坚油杉才躲过一劫。

那树上的弹片样疤痕又是怎么回事呢？

据当地人讲，1936年秋，红军某部特务连为了追击一股顽匪，寻踪到了金竹园。他们在这棵铁坚油杉树下研究部署作战方案，并与土匪开展了激烈枪战，树上就此留下了弹片疤痕。后来，当地政府为了纪念此次战斗中牺牲的红军战士，还在这棵树的不远处立了一块纪念碑，如今这块碑已被移至别处。

经历“铁甲护身”、硝烟弥漫的古树，似乎长得更加茂盛了。树高达32米，胸围4.2米，冠幅9米多。更为奇特的是，它裸露在地面的4个脸盆大小的巨大树根上下起伏，向四面延伸，表面布满了和树干上一样的硬甲，如一条巨龙的龙身。大根的左右又派生出手臂粗细、几乎对称的树根，似是龙爪。一眼望去，仿佛4条“巨龙”从四面八方护卫着这棵参天大树。

据说为了让树下的土地更多地向光向阳，人们就把这棵铁坚油杉树下部的树枝砍掉了。这样一来，高大直立的古树下部像毛笔笔杆，上部像笔毛，“巨笔朝天”的独特造型由此而成。

后来，随着保护力度加大，这棵古树新长出的枝丫不断变粗，新长出的树叶一片青葱，与树冠顶部的大片墨绿色的枝叶互相映衬，成就了这棵树独有的风采。

（向素华）

栓皮栎古树扮靓干树湾

走进旺苍县普济镇月西村干树湾，远远地就能看见犹如一片绿色云朵的巨大树冠，静静地浮现在悬崖之下。这棵树就是树龄已长达500年，被列为《四川省古树名木名录》一级保护古树的栓皮栎树。

栓皮栎，别名白麻栎，是壳斗科栎属的落叶乔木。人们习惯称之为青冈、红青冈。这棵栓皮栎古树高达24米，胸围达3.98米，平均冠幅18米，树皮呈深纵裂状。

栓皮栎全身是宝。树梢、树丫是用来生产黑木耳、香菇的主要材料；树身是最好的木柴，也是杠炭的原材料；果壳可以入药。因为经济价值大，该树种一度遭到严重砍伐。这棵栓皮栎古树能保存至今，也有着令人难以忘怀的经历。

古栓皮栎树下居住的一户人家姓李，户主叫李成德。据说李氏先祖系“湖广填川”时迁来此地的。当初为了寻找一处安身立命之地，先祖找了几天，终于找到了现在居住的地方。这是一面坡地，上有悬崖耸立，本不适宜修房建屋，但先祖发现这里长有几棵巨大的栓皮栎树，几棵大树相互紧靠，枝叶密密麻麻、遮天蔽日，像一把撑开的巨大绿伞。再看绿伞下方，刚好是一块相对平缓的缓坡地。先祖认为，这是一块宝地，可以修房建屋，从此在此安居下来，并把这里称为干树湾。

定居下来的李氏先祖一家日渐兴旺起来，成为当地有名的大户人家。先祖认为家族的兴旺昌盛离不开这几棵栓皮栎树的护佑，于是对它们愈加尊重爱护。

这样过了几代，李氏后人为了用木料方便，竟然偷偷砍伐了几棵栓皮栎树。说来也奇怪，自从砍掉几棵树后，李氏家族竟渐渐衰落，一年不如一年。

当最后这一棵树栓皮栎树得以保全后，李氏家族又慢慢兴盛起来。到李成德这一代，李氏家族在这里已经生活了整整八代人。经过李氏家族的悉心照料，栓皮栎古树越发高大，枝叶越发茂盛，差不多已覆盖了树旁下方的整个屋顶。即便刮起山风时，屋顶被枝叶横扫，李家人也舍不得砍去古树上一根小小的枝丫。

站在山下仰望，这棵茂盛的栓皮栎古树让干树湾的山野风光更加美丽迷人。

（蒋玉良）

栓皮栎，壳斗科栎属植物，落叶乔木，因树皮具有发达的栓皮层而得名。

栓皮栎植株高大，树皮呈深纵裂状，小枝无毛；果壳斗杯状，顶端平圆。

栓皮栎的果壳具有药用价值。果实提取的淀粉可用于浆纱、酿酒。栓皮是重要的工业原料，可作绝缘器、冷藏库、隔音板、软木等物品的原料，还可提取栲胶。

桢楠古树风云际会张家湾

在旺苍县米仓山镇元山村张家湾居住的赵氏家族，没有想到他们会与一棵桢楠树一同走过260多年的风雨历程。

明朝初年，赵氏家族由湖广麻城县（今麻城市）孝感乡迁至四川平武县。后来，赵氏家族迁至西关堡（今米仓山镇），给插占地取名为赵家营。清乾隆年间，再由赵家营移居至张家湾。位于赵氏先辈墓地旁的这棵桢楠树，为清乾隆年间赵氏后人所栽植。

桢楠树材质优良、用途广泛，是楠木属中经济价值最高的一种。它又是著名的庭院观赏和城市绿化树种。

当年赵氏后人之所以选择栽植桢楠树，打造美好家园，想必就是看中了桢楠树独特珍贵的品质吧！

这棵桢楠树高18米，胸围3.9米，平均冠幅20米。它的树干上长有五六块小脸盆大的树瘤。据说，树龄在百年以上的树木才会长出树瘤，而树瘤是制作串珠、摆件等工艺品的上好材料。

近看这棵桢楠树，遒劲的树根扭曲着生长在两块大石边沿。东南面的树根与主体分离后，又绕过石头合在一起，中间夹着一块小凳子般大小的石块，十分别致。一层厚厚的、毛绒般的苔藓像毯子一样紧紧包裹着石头、树干，弥漫着温润的水汽和泥土的香味。

远看这棵桢楠树，像一把圆形巨伞傲然挺立，树枝树叶随风飘动，如裙带般飞舞。

据说，后来赵氏家族和当地一辛氏家族同时看中不远处一个叫梨树垭的地方，那里地势平缓宽阔，土地肥沃。为了取得占有权，双方决定通过负重比赛的方式决出胜负，胜者即可取得占有权。

于是，赵、辛两家各出一人，扛着两百来斤重的石头，以这棵桢楠树为起点，走相同的山路，石头不能离肩，路上不能休息，然后走得最远的人就胜出。

比赛中，赵家人将石头扛到了5公里外的“风垭子”（小地名）时就停下了，而辛家人则扛到了7.5公里外的“大毛坡”（小地名）才放下。由此，辛家人获胜后占据梨树垭，改名为辛家坪。

不料，在清咸丰年间，一场大火将辛家人的房屋财产全部烧毁，辛氏迁居他乡。辛氏离开辛家坪后，一部分赵氏后人又花钱买下辛家坪，建房置业。

据说，当年四处迁移的人家都喜欢在定居处栽种树木，一来美化家园，二来防风固土，三来方便就地取材制作家具。赵氏家族就先后在佛儿岩栽植松树，在焦家沟栽植柏树，在张家湾栽植桢楠树，在辛家坪栽植皂角树……

正是：

绿色家园好，风景旧曾谙。

（冯菊）

枫香岭追梦古茶树

在旺苍县五权镇清水村枫香岭友谊茶场内，一棵树龄超过210年的高大古茶树格外引人注目。

这棵古茶树高约2米，主茎高约30厘米，大大小小的分枝多达100多条，冠幅达到2米。

友谊茶场负责人何卫东介绍，何氏先祖明朝初年从湖广一带迁至四川，距今已有600多年历史，至他这一代已经经历了整整26代人。

据《何氏族谱》记载，何氏先祖迁至五权（那时名为钟岭堡）后，来到枫香岭谋求生存发展之路。那时的枫香岭还是一面陡峭荒芜的山坡，少有人长期居住。先祖为了生存，不得不对枫香岭进行了开发。因为家族种茶历史悠久，经验丰富，便决定以种植茶叶作为主攻方向。

没想到，枫香岭的土壤和气候条件非常适宜茶树生长。先祖的种茶业得到很好的发展，并带动周边多个地方办起了茶场。茶叶一时成为当地最重要的产业，并由此开辟了东出湖广、北上陕甘、西接成都、南通巴渝，专门进行茶叶贸易的古道。

清末期和民国时期，因为世事变迁动荡，枫

香岭茶场时有易主，也曾一度荒废。

到了20世纪70年代，何氏后人何卫东决心延续家族种茶传统，重振家族茶业，于是承包了整片茶场。经过他坚持不懈地经营，茶场规模不断扩大，茶叶产量也不断增加。现在我们看到的友谊茶场不仅是一个规模达六七十公顷的大型茶场，还是多所学校的研学实践基地。

“你看，这些茶树50多年了，最粗的才长到拇指般粗。”何卫东说，“所以几百年的古茶树更加珍贵。”

何卫东特别爱护这棵被誉为“茶树王”的古茶树，他不仅为这棵茶树砌起了方台，每年开山采茶时还为此树披红挂彩，举行隆重的祭拜仪式。他每年除了清明、谷雨前在这棵“茶树王”上采摘少量的新茶，平常都舍不得采摘。

经过何先生的细心呵护，友谊茶场的经营发展蒸蒸日上，如今这里每年产出有机富硒绿茶达1万多公斤，产值达400万元以上，茶叶产品远销成都、重庆、北京等城市。

2023年，这棵古茶树被列为《四川省古树名木名录》三级保护古树。

站在古茶树前看周围茶园里的茶树，古茶树犹如经验丰富的老将军指挥着千军万马，在绿海泛波的茶叶世界里纵情驰骋。

（蒋玉良）

立碑铭志的曹家岭古柏树

在旺苍县国华镇古松村1组一个叫曹家岭的地方，有两棵同时栽植，树龄超过600年，均被列为《四川省古树名木名录》一级保护古树的柏树。它们虽经无数风霜雨雪，但依旧高大雄壮，枝叶繁茂，苍翠如昔。

曹家岭分上岭和下岭两部分。这两棵古树，一棵位于上岭的柏树岭，一棵位于下岭的堰边。

位于柏树岭的这棵古柏树高25米，胸围5.9米，平均冠幅7米。其主干修长粗壮，树冠硕大，树根已伸进旁边的农家小院。绵密婆娑的树枝青葱翠绿，严严实实地罩住树下白墙黛瓦的房屋。为了让古柏能更多地吸收水分和营养，村民还在树根处垒了一层厚厚的黄土。

位于堰边上的这棵古柏树高22米，胸围3.8米，平均冠幅11米，东西冠幅13米左右，南北冠幅8米左右。其枝叶如针线般密密匝匝、飘逸柔韧，枝丫旁逸斜出，虬枝峥嵘，形态万千。

两棵树中，堰边上的这棵古树尤显特别。

在这棵古柏树粗壮挺拔的主干背阳面，有一片长10余米、宽30余厘米的灰白色树皮，与全树其他地方的颜色对比

十分鲜明，格外显眼。应该是这部分树干长年累月被巨大的树冠遮挡，少烈日暴晒，少风霜雨雪侵袭，因此出现了迥然不同的色泽。

这棵柏树后面有许多形态各异的石头，还有墓碑、坟茔、慈竹、果树掩映其间。盘桓的树根中间，因为一块大石头的挤占挤压，不得不改变树根生长的走向。

在其树根右侧有两棵3米多高的黑檬子树，夹在树根中间，根与根相互纠缠，仿佛是嫁接在柏树上的一样，枝繁叶茂。

清嘉庆年间，在曹家岭曾修建了一座祠堂，后来遭到人为毁坏，目前仅存石碑、台阶、石礅等旧址遗迹。古柏树的位置正好在曹家岭的中心地带，树前树后都是通往左邻右舍的入户路，但这些树为什么又完好无损呢？据说这应该与曹家岭祠堂旁的“宗志碑”有关。

清晰的碑文显示，明朝时期，曹氏始祖从成都新津带回两棵柏树苗，在祠堂上面的“柏树岭”和祠堂下面的“堰边”各栽植一棵。碑文明确规定：“祠堂上下两棵柏树，有二约存照，不许妄伐，违者凭公处治，后世不得昌荣。”众人自此对两棵柏树愈加精心管护，容不得半点差池，连被风吹断的柏树枝都不许拿回家当柴火烧。

除了制定严厉的护树规定以预防人为毁

损外，树下还有一条修建于20世纪60年代的渠堰，从白岩河引来的山泉水经过这里，确保了古树免受干旱之苦。

据当地74岁的曹正清老人介绍，当年古树长势旺盛，树枝已伸展到堰下，触及地面，严重影响人畜通行。后经几位有名望的长者商议，小心翼翼地将这根倒伏垂地的树枝卸下。见脸盆粗的树枝弃之可惜，生产队便请来两位木匠师傅，用其做了两架纯柏木风车。

百年沧桑路，青春再出发。

这两棵在风霜雨雪中挺立的古柏，饱含着对青山绿水的满腔热情，承载着山里人的梦幻与希冀，迎来了新世纪的阳光。

（杨奎昌）